Monographien zur Feuerungstechnik

Heft 5

Wärmewirtschaftsfragen

Von

L. Litinsky

Oberingenieur, Leipzig

*

Mit 40 Abbildungen und 17 Tabellen

im Text und Anhang

Springer-Verlag Berlin Heidelberg GmbH 1923

ISBN 978-3-662-33391-4 ISBN 978-3-662-33788-2 (eBook)
DOI 10.1007/978-3-662-33788-2

Ursprünglich erschienen bei Otto Spamer, Leipzig 1923.
Softcover reprint of the hardcover 1st edition 1923

Vorwort.

Zu einer Zeit, als man noch in Brennstoffen schwelgte und die Fragen der sparsamen Wärmewirtschaft mehr vom akademischen als vom praktischen Standpunkte aus betrachtet wurden, begann ich mit der Veröffentlichung einer Reihe von Arbeiten, durch welche sich die Idee der Verringerung der Wärmeverluste durch Studium wärmetechnischer Vorgänge wie ein roter Faden zog. Diese meine Arbeiten sind zu verschiedenen Zeiten in verschiedenen Fachzeitschriften erschienen, die heute bereits vergriffen sind.

Inzwischen haben sich aber die Zeiten geändert. Was vor dem großen Kriege meist nur als interessantes Problem für die Zukunft betrachtet wurde, nämlich weitestgehendes Anstreben der Wärmeersparnis, ist heute zu einer bitteren Notwendigkeit geworden. Eine Brennstoffnot von nie dagewesenem und nie geahntem Umfange steht heute so klar vor aller Augen, daß darüber keine weiteren Worte zu verlieren sind. Die Brennstoffknappheit, auf deren Ursachen und Auswirkungen ich an dieser Stelle nicht einzugehen brauche, gebietet, sich den Wärmewirtschaftsfragen besonders zuzuwenden. Die Fragen, die in meinen vorhin erwähnten Arbeiten behandelt wurden, haben deshalb an Interesse nicht eingebüßt, sondern erscheinen heute noch zeitgemäßer als je. Ich entschloß mich daher, dem Wunsche meines Verlegers Rechnung tragend, das vorliegende Werk erscheinen zu lassen und einige von jenen Arbeiten nach zweckdienlicher Revision entsprechend mit zu verwerten. Gleichzeitig wurden einige neuere speziell für dieses Buch geschriebene Kapitel aufgenommen.

Ich bringe hier weder Rezepte noch fertige Lösungen, sondern greife einige typische verbesserungsbedürftige Gebiete der Feuerungstechnik heraus, denen man bis vor kurzem nur wenig oder überhaupt kein Interesse schenkte. Es ist auch nicht immer die Lösung der behandelten Probleme in der einen oder anderen Richtung möglich, weil meistens hierfür nicht allein wärmetechnische Momente maßgebend sind. Es soll jedoch versucht werden, zu zeigen, und zwar unter reichlicher Benutzung von thermotechnischen Rechenbeispielen, wie man der Lösung des einen oder anderen feuerungstechnischen Problems näher kommen kann, und ich hoffe, hierdurch zur Schulung des wärmetheoretischen Verständnisses und thermotechnischen Rechnens einiges beigetragen zu haben. Wird dies erreicht, so ist der Zweck erfüllt, und es werden dann meinem Buche weitere Kapitel zu diesen wichtigsten Fragen unserer Zeit — den Wärmewirtschaftsfragen — folgen.

Im Anhange befinden sich einige Tabellen, die die Durchführung ähnlicher Rechenweisen, wie in den meisten Kapiteln des vorliegenden Buches, bedeutend erleichtern; diese Tabellen werden jedoch im täglichen Gebrauche des Wärmeingenieurs auch sonst nützliche Anwendung finden.

Leipzig, Oktober 1922.

L. Litinsky.

Inhaltsverzeichnis.

I. Wärmetechnische Berechnung eines Gaskammerofens zum Brennen von Schamottewaren.[1])

A. Einleitung.

Jede gewöhnliche Feuerung liefert, sobald die Schütthöhe des Brennstoffes ein gewisses Maß übersteigt, ein brennbares Gas.

Dieses Gas, Luft- oder Generatorgas genannt, wird in schachtförmigen Öfen, Generatoren, durch eine nur in den untersten Partien der Generatoren vollständige Verbrennung des in hoher Schicht aufgehäuften Brennmaterials erzeugt. Es entsteht hier Kohlendioxyd (CO_2) und die dabei entwickelte Wärme wird an die nächst höhere Brennstoffschicht abgegeben, wodurch die letztere in Hellglut gesetzt wird. Die Kohlensäure, die nach aufwärts tritt, wird beim Durchstreichen der glühenden Kohlenschicht zu Kohlenmonoxyd (CO) reduziert. Eine Verbrennung kann hier nicht stattfinden, da der Sauerstoff der Luft in der untersten Schicht zur Verbrennung des Kohlenstoffes verbraucht wird. Die weiter aufwärts steigenden Gase sind aber die Träger der Verbrennungswärme und erhitzen die nächst höheren Brennstoffschichten. Ein Erhitzen bei Luftmangel ist gleichbedeutend mit trockener Destillation, es bilden sich demnach in diesen Schichten vorwiegend Kohlenwasserstoffe von verschiedener Zusammensetzung, in der Hauptsache Methan (CH_4). Die obersten Schichten werden durch die bereits etwas abgekühlten Gase vorgewärmt und geben das hygroskopische Wasser ab, das in Dampfform von den Gasen mitgenommen wird. Der in den meisten festen Brennstoffen enthaltene Schwefel geht in Schwefeldioxyd (SO_2) über.

Das abziehende Gasgemenge besteht daher aus CO, geringen Mengen CO_2, die sich der Reduktion entzogen haben,

[1]) Erschienen zuerst im „Internationalen Zentralblatt für Baukeramik", Jg. XXIX (1914), Hefte 860—864; ferner im Auszuge in der „Feuerungstechnik" Jg. III (1914—1915), Hefte 10 und 11.

gas- und dampfförmigen Kohlenwasserstoffen, Wasserdampf, schwefliger Säure und schließlich dem gesamten Stickstoff der eingetretenen Luft.

Enthält die unter dem Rost des Generators eingeleitete Luft, was meist der Fall ist, Wasserdampf, so finden neben den oben beschriebenen Vorgängen auch andere Prozesse statt, auf die ich noch später eingehen werde.

Die Vorteile der Gasfeuerungen gegenüber den gewöhnlichen Rostfeuerungen, sind nach Jüptner[1]) folgende:

1. Bei den ersteren können schlechtere und daher auch billigere feste Brennstoffe angewendet werden, die bei den Rostfeuerungen unbrauchbar wären.

2. Die Verbrennung ist bei Gasfeuerungen sehr regelmäßig und läßt sich durch Verstellung der Zugregister leicht regulieren.

3. Der zur Erzielung einer vollständigen Verbrennung nötige Luftüberschuß ist weit kleiner als bei Rostfeuerungen, wodurch sowohl Ersparnis an Brennmaterial, als auch höhere Temperaturen erzielt werden. (Bei Rostfeuerungen ist der Luftüberschuß[2]) $n = 2$, bei Gasfeuerungen $= 1{,}2-1{,}6$.)

4. Es ist leicht, eine rauchfreie Verbrennung zu erzielen.

5. Das feste Brennmaterial kann bei Anwendung von Generatoren weit vollkommener ausgenützt werden (der Verlust an unverbranntem Brennmaterial im Rostdurchfalle kann weit kleiner gehalten werden) als bei Rostfeuerungen.

6. Die Feuerzüge bleiben ruß- und aschenfrei und bei Brennprozessen findet keine Verunreinigung des Brenngutes durch die Asche statt.

7. Von einem und demselben Generator aus können auch mehrere Feuerstellen gleichzeitig mit Gas versorgt werden.

Allerdings darf man nicht übersehen, daß bei Gasfeuerungen die Anlagekosten sowie die Raumerfordernis größer ist als bei Rostfeuerungen und daß der Verlust durch Leitung und Strahlung (je nach der Größe der Generatoren und Leitungskanäle) bei ersteren größer ist als bei letzteren.

Speziell für die keramische Industrie bietet die Gasfeuerung noch den wichtigen bereits oben erwähnten Vorzug, daß die Berührung des zu brennenden bzw. des mittels Feuers zu bearbeitenden Produktes durch den festen Brennstoff bzw.

---

[1]) H. Freiherr Jüptner von Jonstorff, Die Heizstoffe und das Wichtigste aus der Wärmelehre. Wien 1890.

[2]) Hohlbaum, Zeitgemäße Herstellung und Bearbeitung des Hohlglases. S. 55. Wien 1910.

die Asche ganz ausgeschlossen, ein Vorzug, der namentlich die Einführung der Gasfeuerung in die Tonindustrie (auch Kalk-, Schamotte- und keramische Industrie) außerordentlich gefördert hat.

Man versucht durch Zuführung von Wasserdampf unter den Rost des Generators (abgesehen von anderen Wirkungen) auch die Leistung des Generators zu erhöhen.

Wird Wasserdampf unter den Rost des Generators geleitet, so wird[1]) ein entsprechender Teil der in der Vergasungszone entwickelten Wärme in dieser selbst zur Zersetzung des Wasserdampfes verbraucht, und zwar ist zur Zersetzung von 1 kg Wasserdampf dieselbe Wärmemenge notwendig, welche bei der Entstehung von 1 kg Wasserdampf durch Verbrennung von Wasserstoffgas mittels Sauerstoff entwickelt worden ist. Da der Wasserdampf aus 2 Atomen H und 1 Atom O besteht, ein Atom O ist aber 16 mal schwerer als 1 Atom H, so ergibt sich, daß zur Entstehung von 1 kg Wasser $^1/_9$ kg Wasserstoffgas notwendig ist. Bei der Verbrennung von 1 kg H zu H_2O-Dampf entstehen 28 780 WE, bei der Verbrennung von $^1/_9$ kg H bzw. bei der Entstehung von 1 kg H_2O werden demnach $\frac{28\,770}{9} = 3197$ WE frei. Ebensoviel werden aber verbraucht, um 1 kg H_2O-Dampf in seine Bestandteile zu zersetzen. Bei der Zersetzung des Wasserdampfes in der Vergasungszone des Generators, welche im günstigen Falle nach der Gleichung:

$$\begin{array}{cccc} H_2O + C & = & 2\,H & + CO \\ 18 + 12 & & 2 & 28 \end{array} \quad \text{vor sich geht,}$$

werden $^2/_3$ C vergast. Diese $^2/_3$ C entwickeln dabei $^2/_3 \cdot 2475 = 1650$ WE. Da durch die Zersetzung des Wasserdampfes 3197 WE verbraucht, durch die gleichzeitige Bildung von CO aber 1650 WE frei werden, so resultiert daraus ein Wärmeverbrauch von nur $3197 - 1650 = 1547$ WE auf 1 kg H_2O.

Man kann erhebliche Wasserdampfmengen (vgl. Abschnitt II C, Seite 43) mit Luft gemischt unter den Rost des Generators leiten, ohne daß der Gang des Generators dadurch wesentlich beeinträchtigt wird; in jedem Falle wird jedoch durch die Zuführung von Wasserdampf die Temperatur in dem Generator erniedrigt, und es steigt daher mit der Wasserdampfzuführung der Kohlensäuregehalt der Generatorgase.

---

[1]) Schmatolla, Gaserzeuger und Gasfeuerungen. S. 19. Hannover 1908.

Den Vorteil der Wasserdampfzuführung sehe ich u. a. darin, daß die Unterluftzufuhr dabei kleiner wird, daher die zur vollständigen Verbrennung nötige Luft als Oberluft (sekundäre Luft) eingeführt wird, wodurch der Heizeffekt erhöht werden soll. Es ist aber fraglich, ob die auf diese Weise erhaltene Wärme diejenige an Wasserdampf gebundene kompensieren würde.

Es kann aber andererseits die Gefahr einer zu hohen Temperatur im Generator auftreten, die eine Schlackenbildung, zu hohe Beanspruchung des Schamottenmauerwerkes und andere Unannehmlichkeiten zur Folge haben kann. Man vermeidet diese Temperaturerhöhung im Generator durch Einführung von Wasserdampf unter dem Rost, sei es Dampf aus dem Dampfkessel (der also die zu seiner Bildung nötige Wärme n i c h t vom Generator aufgenommen hat) oder aus dem unter dem Rost liegenden Wasserschacht (auch Wasserkasten genannt). Durch einen Teil des Wasserdampfes entsteht sog. Wassergas $H_2 + CO$, dessen Bildung mit einer erheblichen Wärmeaufnahme verbunden ist, wodurch die Temperatur im Inneren des Generators unterhalb der Schlackengrenze gehalten wird. Bei Verwendung von stark wasserhaltigen Brennstoffen (Braunkohle, Torf usw.) sieht man selbstverständig von der Wasserdampfzufuhr ab.

In den Fachkreisen sind die Ansichten über die mit Dampf betriebenen Generatoren sehr verschieden und es würde zu weit

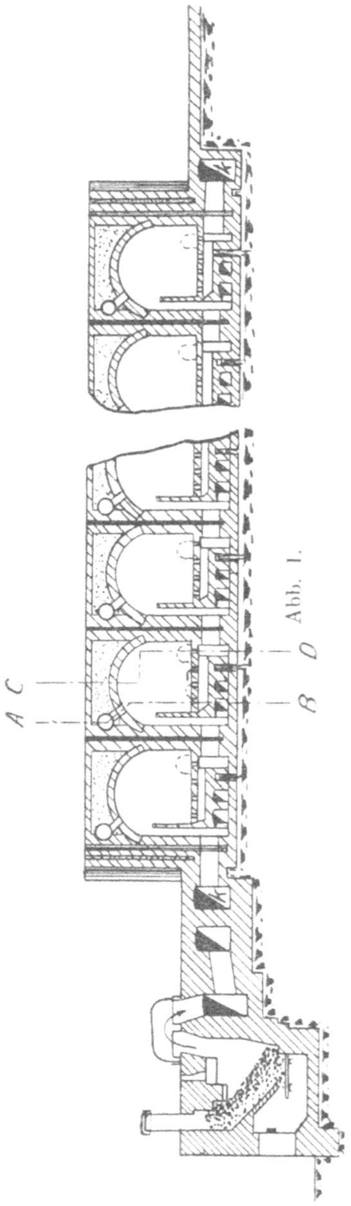

Abb. 1.

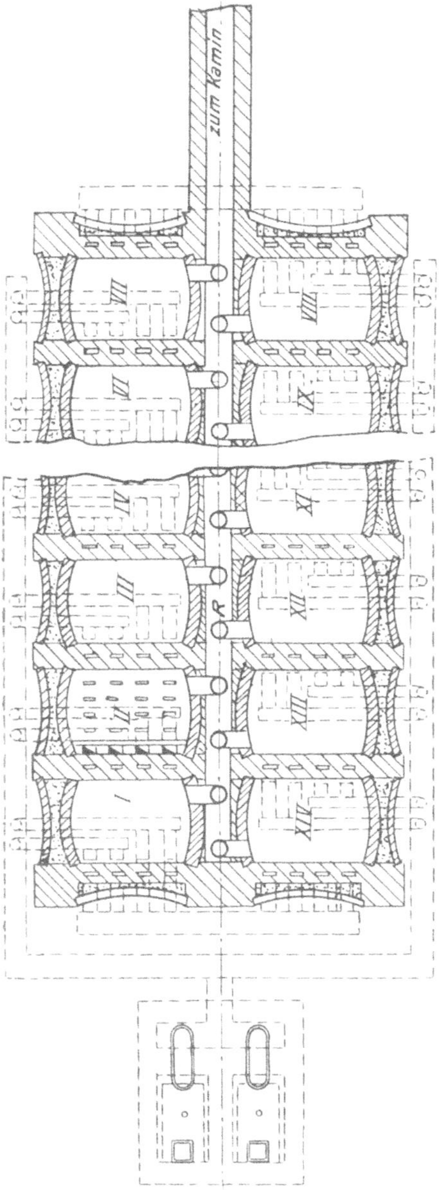

Abb. 2.

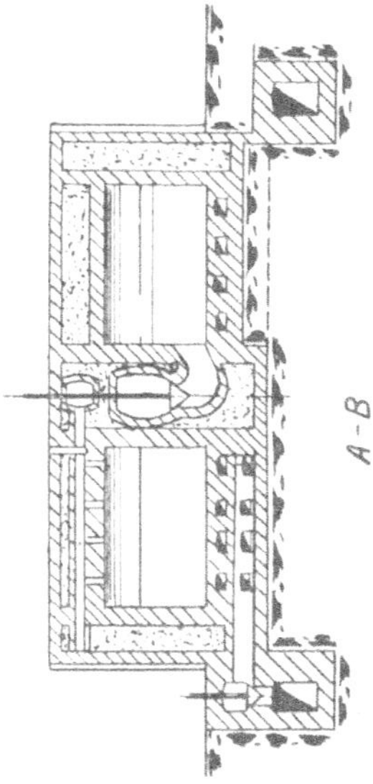

Abb. 3.

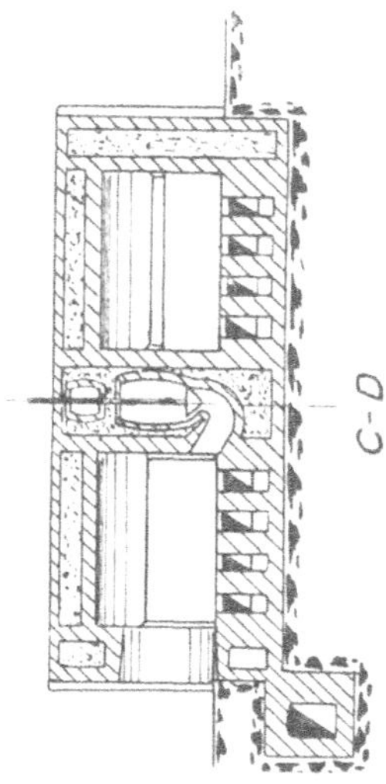

Abb. 4.

Abb. 1—4. Ein 14kammeriger Gaskammerofen zum Brennen von Schamottewaren.

führen, diese Ansichten hier wiederzugeben. (Ich verweise daher die Interessenten auf die diesbezüglichen Ausführungen in dem Werk: Toldt, Regenerativ-Gasöfen, S. 164—189, Leipzig 1898.)

Ich werde in meiner Berechnung vom Einblasen von Wasserdampf als solchen absehen und nur den Wasserdampf aus der atmosphärischen Luft und aus dem unter dem Generator befindlichen Wasserschacht berücksichtigen.

Man unterscheidet zwischen direkten oder einfachen Gasfeuerungen und Regenerativgasfeuerungen. Die einfache Gasfeuerung wendet man in der Industrie der Silikate in denjenigen Fällen an, wo es sich um vollständige Ausnutzung der durch die Verbrennung der Gase erzeugten Wärme handelt, also hauptsächlich bei Brennöfen für Mauersteine, feinere Tonwaren, Kalk, Zement, Schamottensteine usw. Dagegen ist die Regenerativgasfeuerung da am Platze, wo es sich um Erzeugung der höchsten Temperaturen handelt und die Verbrennungsprodukte den Ofen noch mit sehr hohen Temperaturen verlassen, wie z. B. bei Öfen zum Glasschmelzen.

Zu den ersteren gehört auch der zu berechnende Gaskammerofen zum Brennen von 20 000 000 kg Schamottewaren pro Jahr.

Ein 14 kammeriger Gaskammerofen mit einseitig überschlagender Flamme ist auf den Seiten 10—11 in Abb. 1 im Längsschnitt, in Abb. 2 im Grundriß, in Abb. 3 im Querschnitt *A-B* (siehe Abb. 1) und in Abb. 4 im Querschnitt nach Linie *C-D* (siehe Abb. 1) veranschaulicht.

Bei diesem Ofen steht jede der Kammern I bis XIV durch zwei Ventile v_1 und v_2 mit dem Gashauptkanal k in Verbindung. Die Ventile v_1 vermitteln den Gaszutritt zu den Gaskanälen g_1, die Ventile v_2 zu den Gaskanälen g_2. Aus den Kanälen g_1 tritt das Generatorgas bei geöffnetem Ventil v_1 durch zwei Zweigkanäle q in den Verbrennungsschlitz s, aus den Kanälen g_2 durch die beiden Zweigkanäle p. Durch die doppelte getrennte Gaszuleitung ist man in der Lage, den Gaszutritt bzw. das Feuer an den beiden Enden der Kammer zu regeln. Die zur Verbrennung des Generatorgases notwendige heiße Luft kommt aus der vorhergehenden Kammer durch die mittels Schieber regelbaren Verbindungskanäle l. Die Verbrennung findet in dem Verbrennungsschlitz s statt, die Flamme steigt in die Höhe, verteilt sich unter der Kappe und strömt dann durch den Einsatz abwärts zu den Bodenöffnungen *b*, durch welche sie in die Sohlkanäle *c* eintritt. Die letzteren, bei der dargestellten Konstruktion je vier an der Zahl, stehen durch die kurzen Kanäle *l* in den Zwischenwänden mit der nächstfolgenden Kammer bzw. dem Verbrennungsschlitz *s* derselben in Verbindung. Die Feuergase steigen daher in dem Schlitz *s* zunächst wieder in die Höhe und ziehen dann wieder abwärts, indem sie denselben Weg wie in der vorhergehenden Kammer nehmen.

In gleicher Weise durchziehen sie auch die nächstfolgende Kammer, bis sie durch einen der Fuchskanäle *f* und den Rauchsammler *R* zur Esse abgesaugt werden.

Nunmehr will ich zu der eigentlichen Berechnung des Ofens für die oben erwähnte Leistung (20 000 000 kg Schamottewaren) pro Jahr übergehen.

B. Ermittlung der Heizgasausbeute.

Zur Beschickung der Generatoranlage liegt eine Braunkohle von folgender Zusammensetzung vor:

Kohlenstoff	46,65%
Wasserstoff disponibel	2,72%
Wasserstoff chemisch gebildet	1,27%
Sauerstoff	10,16%
Stickstoff	0,65%
Wasser (hygroskopisches)	11,40%
Schwefel	4,30%
Asche	Rest.

In den Brennmaterialien ist der darin enthaltene Sauerstoff mit dem Wasserstoff zu H_2O verbunden, welches nicht brennt und keine Wärme liefert, aber verdampft und Wärme entzieht. Zieht man vom Gesamtwasserstoff jene Menge ab, welche mit dem Sauerstoff des Brennmaterials zu Wasser verbunden ist, so bleibt gewöhnlich ein Rest von freiem Wasserstoff, welcher mit dem Luftsauerstoff oder mit dem Kohlenstoff Verbindungen eingehen kann. Diesen Wasserstoff nennt man den disponiblen Wasserstoff.

Entsprechend den geschilderten Vorgängen entstehen im Generator folgende Gase: CO_2, CO, CH_4, H_2, N_2, SO_2 und H_2O-Dampf. Es können sich eigentlich auch Kohlenwasserstoffe bilden, die eine andere Zusammensetzung haben wie z. B. C_2H_4 (Äthylen), C_6H_6 (Benzol) usw. Solche Gase entstehen aber hauptsächlich bei der trockenen Destillation des Brennstoffes, wie z. B. bei der Fabrikation von Leuchtgas. Bei Luftzutritt, wenn auch beschränktem. können wir in der Hauptsache die Bildung des Methans (CH_4) annehmen und bei Berechnung der Einfachheit halber von den Kohlenwasserstoffen nur das CH_4 berücksichtigen.

Wieviel Kilogramm Generatorgas liefern uns 100 kg unserer Braunkohle von der obigen Zusammensetzung?

Der disponible Wasserstoff verbindet sich mit Kohlenstoff zu CH_4 nach der Formel: $C + H_4 = CH_4$.

12 kg C + 4 kg H liefern 16 kg CH_4. Danach bindet 1 kg H 3 kg C und 2,72 kg H (die in 100 kg unserer Kohle enthalten sind) benötigen $2{,}72 \cdot 3 = 8{,}16$ kg C. Es entstehen dabei $2{,}72 + 8{,}16 = 10{,}88$ kg CH_4.

Es verbleibt also für die Vergasung noch: 46,65 — 8,16 = 38,49 kg Kohlenstoff. Um diese Menge C in CO zu verwandeln, wären $38{,}49 \cdot 5{,}79 = 222{,}86$ kg atmosphärische Luft nötig, wie es aus der folgenden Gleichung hervorgeht:

$$C\,(12) + O\,(16) = CO\,(28).$$

1 kg C braucht also $^{16}/_{12}$ O, um zu CO vergast zu werden; das Verhältnis der Luft zu O nach dem Gewicht = 100 : 23; 1 kg C braucht demnach:

$$\frac{16}{12} \cdot \frac{100}{23} = 5{,}79 \text{ kg atmosphärische Luft}.$$

Das unter dem Generatorrost sich befindende Wasser verdampft durch strahlende Hitze des Generators und die herabfallenden Schlacken. Der entstandene Dampf wird unter beträchtlicher Wärmebindung durch die glühenden Kohlen des Generators in Wasserstoff und Kohlenmonoxyd zerlegt. Die Menge des Wasserdampfes (inkl. der Feuchtigkeit der Luft) setze ich nach Bunte ungefähr gleich 1% der zuzuführenden atmosphärischen Luft an. 222,86 kg Luft würden also 2,23 kg H_2O mitbringen. Dieser Wasserdampf wird aber gemäß der Gleichung:

$$H_2O + C = H_2 + CO \text{ zerlegt.}$$

18 kg Wasserdampf benötigen 12 kg C

2,23 „ „ $\frac{2{,}23 \cdot 12}{18} = 1{,}49$ kg C.

Es entstehen dabei:

$$\frac{2{,}23 \cdot 4}{18} = 0{,}49 \text{ kg H}$$

und

$$\frac{2{,}23 \cdot 28}{18} = 3{,}47 \text{ kg CO}.$$

Für die Verbrennung zu CO bleiben also: 46,65 — (8,16 + 1,49) = 37,00 kg C übrig, welche 37,00 · 5,79 = 214,23 kg Luft benötigen.

Außerdem brauchen die 4,3 kg S zu ihrer Verbrennung zu SO_2 4,3 · 4,34 = 18,66 kg Luft, wie es aus der Gleichung

$$S\,(32) + O_2\,(32) = SO_2 \text{ folgt.}$$

Insgesamt sind also 214,23 + 18,66 = 232,89 kg Luft zuzuführen. Mit diesen auf theoretischem Wege ermittelten 232,89 kg Luft kommt man in der Praxis nicht aus und es ist stets ein Luftüberschuß notwendig. Ich nehme einen Luftüberschuß von 20% an. Dann beträgt die Luftmenge:

$$232{,}89 + \frac{232{,}89 \cdot 20}{100} = 279{,}47 \text{ kg.}$$

In 279,47 kg Luft sind $\frac{279{,}47 \cdot 77}{100} = 215{,}19$ kg N_2[1]) enthalten. In der Kohle selbst sind 0,65 kg N_2 enthalten. Gesamtstickstoff beträgt also 215,19 + 215,74 kg N_2.

Da die Luft im Überschusse zugeführt wird, so erhalten wir auch den Sauerstoff im Überschusse. Die folgende Rechnung soll zeigen, wieviel Kilogramm überschüssigen Sauerstoff wir erhalten.

37 kg C brauchen 37 · 1,333 = 49,32 kg Sauerstoff und liefern dabei 37,00 + 49,32 = 86,32 kg CO.

4,3 kg S brauchen 4,3 · 1 = 4,3 kg Sauerstoff. Es sind also zusammen 49,32 + 4,3 = 53,62 kg Sauerstoff nötig.

Die zugeführte Luftmenge enthält aber:

$$\frac{279{,}47 \cdot 23}{100} = 64{,}28 \text{ kg Sauerstoff.}$$

Der Sauerstoffüberschuß beträgt 64,28 — 53,62 = 10,66 kg.

Der überschüssige Sauerstoff ermöglicht die Verbrennung eines Teiles des CO zu CO_2.

$$CO\,(28) + O\,(16) = CO_2.$$

$10{,}66 \cdot \frac{28}{16} = 18{,}65$ kg CO verbrennen dadurch zu CO_2 und es entstehen dabei:

$$18{,}65 + 10{,}66 = 29{,}31 \text{ kg } CO_2.$$

---

[1]) Ich verstehe darunter außer dem Stickstoff selbst auch sonstige für die Verbrennung indifferenten Gase (Argon, Neon usw.), die in der Luft enthalten sind.

Die tatsächliche Menge des Kohlenoxyds setzt sich wie folgt zusammen:

Durch Verbrennen von 37 kg C	= 86,32 kg CO
Durch Zersetzung des Wasserdampfes	= 3,47 kg CO
Es verbrennt zu CO_2	= 18,65 kg CO

Die Kohlenoxydmenge beträgt demnach 86,32 + 3,47 — 18,65 = 71,14 kg.

Die 10,16 kg O + 1,27 kg chem. geb. Wasserstoff (diese Zahlen entsprechen genau den Molekularverhältnissen bei der Bildung des Wassers) liefern 11,43 kg Wasserdampf.

11,40 kg hygroskopisches Wasser liefern ebenfalls 11,40 kg Wasserdampf.

Der gesamte Wasserdampf beträgt: 11,43 + 11,40 = 22,83 kg.

4,3 kg S liefern 4,3 · 2 = 8,6 kg schwefliger Säure (SO_2)[1].

Danach liefern 100 kg Kohle:

Wasserdampf	22,83 kg
Methan	10,88 „
Wasserstoff	0,49 „
Kohlenoxyd	71,14 „
Kohlensäure	29,31 „
Schweflige Säure	8,60 „
Stickstoff	215,84 „
Summe	359,09 kg Generatorgase

oder in % ausgedrückt:

Wasserdampf	6,35%
Methan	3,04%
Wasserstoff	0,14%
Kohlenoxyd	19,82%
Kohlensäure	8,16%
Schweflige Säure	2,39%
Stickstoff	60,10%
Summe	100,00%

Es wiegt	1	cbm	Wasserdampf	0,8045	kg
„ „	1	„	Methan (CH_4)	1,2518	„
„ „	1	„	Wasserstoff	0,0895	„
„ „	1	„	Kohlenoxyd	1,2513	„
„ „	1	„	Kohlensäure	1,9663	„
„ „	1	„	Schweflige Säure	2,2600	„
„ „	1	„	Stickstoff	1,2552	„

[1]) Nach Schwackhöfer kann sich teilweise auch SO_3 neben SO_2 bilden. Wie Schmatolla (in seinem Buche „Gaserzeuger und Gasfeuerungen“) behauptet, sind Fälle nicht ausgeschlossen, wenn sich der Schwefel der Kohle mit dem Wasserdampf zu H_2S verbindet. Ich habe diese beiden Fälle, da sie selten vorkommen und für unsere Rechnung fast ohne Bedeutung sind, nicht berücksichtigt.

Mittelst dieser Zahlen läßt sich das Volumen der Generatorgase berechnen.

Wasserdampf	$\frac{22,83}{0,8045}$	=	28,378 cbm
Methan	$\frac{10,88}{1,2518}$	=	8,692 „
Wasserstoff	$\frac{0,49}{0,0895}$	=	5,498 „
Kohlenoxyd	$\frac{71,14}{1,2513}$	=	56,853 „
Kohlensäure	$\frac{29,31}{1,9663}$	=	14,905 „
Schweflige Säure . .	$\frac{8,60}{2,2600}$	=	3,805 „
Stickstoff	$\frac{215,84}{1,2552}$	=	171,956 „
	Zusammen		290,087 cbm

100 kg unserer Kohle liefern demnach 290,087 cbm Generatorgase.

C. Der Nutzeffekt des Generators.

Bei der direkten Verbrennung würden 100 kg der Kohle liefern, nach der abgeänderten Dulong - Petitschen Formel, welche lautet:

$$H = \frac{8140\ C + 28\ 800\ (H - {}^1/_8\ O) + 2220\ S - 600\ W}{100}$$

ausgerechnet — 460 973 WE.

Nach der Mendelejeffschen Formel: H = 81 C + 300 H — 26 (O—S), die den Vorzug der Einfachheit besitzt — 480 729 WE.

Nach Prof. Jüptner[1]) soll die Mendelejeffsche Formel genauere Resultate geben. Ich nehme der Sicherheit halber das Mittel von den beiden gefundenen Werten an und erhalte:

$$\frac{460\ 973 + 480\ 729}{2} = 470\ 851 \backsim 471\ 000\ \text{WE.}$$

Die aus 100 kg Kohle gewonnenen 359,09 kg Generatorgase enthalten nach unserer Rechnung folgende brennbare Bestandteile:

10,88 kg Methan
0,49 „ Wasserstoff
71,14 „ Kohlenoxyd.

[1]) Feuerungstechnik 1913, S. 122.

Die Verbrennungswärmen dieser Gase sind nach Wedding[1]) gleich für 1 kg:

CH_4	beim Verbrennen zu	$CO_2 + H_2O$	= 13 063 WE.
H	,, ,,	H_2O Dampf	= 29 161 WE
CO	,, ,,	CO_2	= 2403 WE.

Danach liefern 359,09 kg Generatorgase (entstanden aus 100 kg Kohle):

13 063 · 10,88 =	142 125 WE
29 161 · 0,49 =	14 570 ,,
2 403 · 71,14 =	170 949 ,,
Summe	327 644 WE.

Die Gase nehmen aber beim Verlassen des Generators eine gewisse Temperatur[2]) an, die in unserem Falle mit 300° C eingesetzt wird. Die erwärmten Gase bringen also eine bestimmte Wärmemenge mit. Um diese zu ermitteln, müssen wir den Begriff der Wärmekapazität kennen lernen.

Unter Wärmekapazität versteht man jene Wärmemenge, welche einem Kilogramm eines Körpers zugeführt werden muß, um ihn in der Temperatur um 1° C zu erhöhen. Die Wärmekapazität eines und desselben Körpers bei einem und demselben Aggregatzustand wächst etwas mit der Temperatur, doch gilt es am wenigsten bei permanenten Gasen.

Man findet die Wärmekapazität, indem man das Gewicht des Körpers mit der spezifischen Wärme desselben multipliziert.

Die spez. Wärme beträgt bei konstantem Drucke für:

Wasserdampf	bei	128—217° C	= 0,48051[3])
Kohlenwasserstoff	,,	18—208° ,,	= 0,59295
Wasserstoff	,,	12—198° ,,	= 3,40900
Kohlenoxyd	,,	26—198° ,,	= 0,24260
Kohlensäure	,,	11—214° ,,	= 0,21692
Schweflige Säure	,,	16—202° ,,	= 0,15439
Stickstoff	,,	0—200° ,,	= 0,24380.

[1]) Neuere Zahlen s. Bunte, Zum Gaskursus. S. 198. München 1921, sowie in der Anlage 3 im Anhang (S. 180).

[2]) Dieselbe schwankt zwischen 200 und 700° C. Bei den Generatoren, welche mit stark wasserhaltigen Brennstoffen, wie Holz, Torf o. dgl. betrieben werden, wird fast die ganze im Generator entstehende Wärme aufgebraucht, so daß die Gase in solchen Generatoren sehr häufig mit einer Temperatur entweichen, welche 100° C nicht erheblich übersteigt.

[3]) Toldt, Regenerativgasöfen. L. 98, S. 41; neuere Zahlen s. Bunte, Zum Gaskursus. S. 76. München 1921, sowie Anlage 3 im Anhange auf S. 180.

Demnach beträgt die Wärmekapazität der einzelnen Bestandteile des Generatorgases:

$$
\begin{aligned}
22{,}83 \cdot 0{,}48051 &= 10{,}86323 \text{ WE} \\
10{,}88 \cdot 0{,}59295 &= 6{,}23184 \text{ ,,} \\
0{,}49 \cdot 3{,}40900 &= 1{,}65092 \text{ ,,} \\
71{,}14 \cdot 0{,}24260 &= 17{,}24434 \text{ ,,} \\
29{,}31 \cdot 0{,}21692 &= 6{,}36087 \text{ ,,} \\
8{,}60 \cdot 0{,}15439 &= 1{,}29010 \text{ ,,} \\
215{,}84 \cdot 0{,}2438 &= 51{,}80161 \text{ ,,} \\
\text{Summe } &\ 95{,}44 \text{ WE.}
\end{aligned}
$$

Die Temperatur der Gase beim Austritt aus dem Generator wurde mit 300° C festgelegt. Dann beträgt die in den Gasen enthaltene Wärmemenge 95,44 · 300 = 28 632 WE. Insgesamt liefern die Generatorgase an Wärme:

$$327\,644 + 28{,}632 = 356\,276 \text{ WE.}$$

Beim Verbrennen unseres Brennstoffes in einer direkten Feuerung würden wir nach der früheren Rechnung 471 000 WE erhalten. Es gehen also 471 000 — 356 276 = 114 274 WE verloren, was zu den in den Generatoren unvermeidlichen Verlusten zu zählen ist.

Es läßt sich auch durch theoretische Betrachtungen beweisen, daß gewisse Wärmeverluste unvermeidlich sind. Auch die Größe dieser Wärmeverluste läßt sich ausrechnen. Wir können ermitteln:

1. Die Bildungswärme für CO_2, CO usw.,
2. die Zersetzungswärme für Wasserdampf,
3. den Wärmeinhalt der Primärluft,
4. den Wärmeinhalt der Heizgase (bei gleichbleibenden oder veränderlichen Wärmekapazitäten).

1 und 3 sind exothermisch, 2 und 4 sind endothermisch. Daraus läßt sich die Wärmebilanz für die Vorgänge im Generator (abgesehen von Strahlungs- und Leitungsverlusten) aufstellen.

Eine interessante diesbezügliche genaue Berechnung nach Geipert findet sich in dem Werk: W. Bertelsmann, Erzeugung des Leuchtgases. Stuttgart 1911, B. I, S. 76—79 und sei an dieser Stelle auf dieses Werk hingewiesen.

Der Nutzeffekt des Generators ist nach obigem gleich:

$$\frac{356\,276 \cdot 100}{471\,000} = 77\,\%.$$

Nach Dralle[1]) schwankt der Nutzeffekt der Generatoren zwischen 66,5 und 86%.

[1]) Dralle, Die Glasfabrikation. Bd. I. S. 385—387. Berlin 1911.

In Wirklichkeit wird sich der Nutzeffekt etwas anders stellen, weil ich bei der Berechnung einerseits die Bildung von Teer, und andererseits die Staubbildung, womit eine unvollständige Ausnützung des Brennstoffes verbunden ist, nicht berücksichtigt habe.

100 — 77 = 23% der Gesamtwärme werden also zur Bildung der Generatorgase aufgewendet.

Es wäre auch der absolute Wärmeeffekt des Generatorgases zu ermitteln. Da man unter demselben jene Wärmemenge versteht, die 1 kg des Brennstoffes bei seiner Verbrennung liefert, so ist der absolute Wärmeeffekt der vergasten Kohle $= \frac{356\,276}{100} = 3563$ WE.

1 cbm des Generatorgases liefert $\frac{3563 \cdot 100}{290 \cdot 08} = 1227$ WE.

D. Die berechnete Temperatur.

Ich will nun die höchste theoretisch zu erreichende Temperatur ermitteln.

Wie in einem der nächsten Abschnitte gezeigt wird, liefern 100 kg unserer Kohle nach der erfolgten Kondensation 327,66 kg Generatorgase. Diese Gase mit 20% Luftüberschuß verbrannt, liefern 587,06 cbm Verbrennungsprodukte, die wie folgt zusammengesetzt sind.

Zusammensetzung der Generatorgase	Verbrennungsprodukte			
	CO_2	H_2O	N_2	Summe
CH_4 = 10,88 kg	10,88 · 1.40 = 15.23 cbm	10,88 · 2,79 = 30,36 cbm	10,88 · 10.65 = 115,87 cbm	161,46 cbm
H_2 = 0,49 kg	—	0.49 · 11.19 = 5,48 cbm	0,49 · 21,29 = 10,43 cbm	15.91 cbm
CO = 71.14 kg	71,14 · 0.80 = 56,91 cbm	—	71.14 · 1.52 = 108.13 cbm	165,04 cbm
CO_2 = 29 31 kg	29,31 · 1.9663 = 14.91 cbm	—	—	14.91 cbm
N_2 = 215,84 kg	—	—	215,84 · 0,79 = 171,95 cbm	171,95 cbm
Summe 327.66 kg	87,05 cbm = 170,83 kg	35,84 cbm = 28,8 kg	406.38 cbm = 511,36 kg	529,27 cbm

Es ist noch der Luftüberschuß (20%) dazu zu zählen. Derselbe beträgt (an einer anderen Stelle ausgerechnet) 57.79 cbm = 74 kg Luft.

Die spezifische Wärme[1]) der $CO_2 = 0{,}22$
,, ,, ,, des $H_2O = 0{,}48$
,, ,, ,, ,, $N_2 = 0{,}24$
,, ,, ,, ,, Luft $= 0{,}23$.

Die Wärmekapazität der 170,83 kg CO_2 ist gleich:

$$170{,}83 \times 0{,}22 = 37{,}58 \text{ WE}.$$

Die Wärmekapazität der anderen Bestandteile der Verbrennungsprodukte ist gleich:

für H_2O $28{,}80 \cdot 0{,}48 = 13{,}82$ WE
für N_2 $511{,}36 \cdot 0{,}24 = 127{,}84$ WE
für Luft $74 \cdot 0{,}23 = 17{,}02$ WE.

Demnach ist die Wärmekapazität der Verbrennungsgase $= 37{,}58 + 13{,}82 + 127{,}84 + 17{,}02 = 196{,}26$ WE.

Die berechnete Höchsttemperatur der Verbrennung ist gleich dem Quotient aus der gesamten entwickelten Wärmemenge und dem gesamten Wärmeinhalt der Rauchgase.

Sei mit T die theoretische Verbrennungstemperatur (pyrometrischer Wärmeeffekt), mit W die gesamte entwickelte Wärme, mit Q_1, Q_2, Q_3 usw. die Gewichte und mit S_1, S_2, S_3 usw. die spezifischen Wärmen der verschiedenen Verbrennungsprodukte bezeichnet, so wird die Wärmekapazität $C = Q_1, \; S_1 + Q_2, \; S_2 + Q_3, \; S_3$ usw. $= \Sigma (Q \; S)$

Die theoretisch zu erreichende Verbrennungstemperatur ergibt sich dann aus folgender Formel:

$$T = \frac{W}{\Sigma (Q\,S)} = \frac{W}{C};$$

$$W = 356\,276 \text{ WE}; \qquad C = 196{,}26 \text{ WE};$$

$$T = \frac{356\,276}{196{,}26} = 1815^\circ \text{ C}^{2)}.$$

Bezüglich einer anderen Art der Temperaturberechnung siehe Abschnitt IV, 1 Seite 77.

E. Die Dimensionierung des Ofens.

Die Leistungsfähigkeit eines Gaskammerofens wird in erster Linie durch die Größe der einzelnen Kammern bedingt, zweitens aber auch durch Schnelligkeit, mit welcher

[1]) Vgl. Fußnote 1 und 3 auf S. 18.

[2]) Noch genauer kann man solche Temperaturbestimmungen nach Geipert ausführen. Siehe Bertelsmann, Die Leuchtgasindustrie. Stuttgart 1911.

der Brand von Kammer zu Kammer fortschreitet. Ununterbrochen betriebene Gaskammeröfen zum Brennen von feuerfesten Erzeugnissen besitzen im allgemeinen 14—16 Kammern von je 8—70 cbm Inhalt (meistens von 16—50 cbm) und leisten nach Mendheim[1]) bei mittlerem Inhalte durchschnittlich eine Kammer in 24 Stunden. Kammern von 75 cbm, wohl die größten von bis jetzt bekannten können monatlich 24 Brände feuerfeste Ware, entsprechend einer Leistung von 1800 cbm Ofenraum oder rund 200 Doppelwaggon[2]) feuerfeste Ware liefern. Kleinere Gaskammeröfen von z. B. 16 cbm Inhalt ergeben von demselben Erzeugnisse etwa 36 Brände monatlich entsprechend 576 cbm Ofenraum oder rund 64 Doppelwaggons. Für kleineren Bedarf ist in der Regel die Anlage eines Ofens mit unterbrochenem Betrieb von 6—10 Kammern vorzuziehen, welcher bei Vergrößerung der Fabrikation zu einem ununterbrochenen Ofen mit 14—16 Kammern erweitert werden kann.

Ich will nun die Dimensionen des Ofens ermitteln.

Jährliche Produktion des Ofens an gebrannten Schamottewaren soll 20 Millionen Kilogramm betragen.

1 cbm Schamottewaren wiegt 1800 kg. Demnach beträgt die jährliche Produktion des Ofens in Kubikmeter ausgedrückt:

$$\frac{20\,000\,000}{1800} = \backsim 11\,100 \text{ cbm}.$$

Arbeitstage pro Jahr angenommen = 360.

Einsetzen, Vorwärmen, Brennen, Abkühlen und Entleeren jeder Kammer angenommen = 10 Tage.

Danach liefert jede Kammer im Laufe des Jahres 360 : 10 = 36 Brände.

Pro 1 cbm Ofenraum kann man ca. 0,6 cbm Schamottewaren einsetzen.

Für 11 100 cbm Schamottewaren muß also ein Ofenraum von $\frac{11\,100}{0{,}6 \cdot 36} = 514$ cbm vorhanden sein.

Bei einer 14kammerigen Anlage beträgt der Inhalt jeder Kammer 514 : 40 = 36,8 $\backsim$ 40 cbm.

---

[1]) Mendheim, Brennöfen mit Gasfeuerung. S. 11.

[2]) Nach Jolys technischem Auskunftsbuch enthält eine Doppelwaggonladung von 10 000 kg 5,6—7,0 cbm feuerfeste Fabrikate.

Nach Kerl[1]) beträgt das Gewicht des Einsatzes im allgemeinen 1000—1100 kg gebrannter Waren für jeden Kubikmeter Ofenraum. Meine rechnerisch ermittelten Werte stimmen, wie aus folgendem ersichtlich ist, mit den praktischen Angaben überein.

20 000 000 : 514 = 38 900; 38 900 : 36 = 1080 kg/cbm.

F. Brennstoffverbrauch.

Für die Bestimmung des Brennstoffverbrauches eines zu konstruierenden Ofens legt man zweckmäßig die durch die Praxis ermittelten Werte zugrunde, denn eine theoretische Berechnung des Heizverbrauches müßte sich auf Annahmen stützen, die unter Umständen unsichere Ergebnisse liefern würden.

Bezüglich des Brennmaterialverbrauches im Gaskammerofen ist die Angabe bestimmter Durchschnittsziffern untunlich[2]), weil dieselben bei der großen Verschiedenheit der Verhältnisse, unter welchen der Ofen in Anwendung kommt, leicht zu Irrtum Veranlassung geben würden. Es läßt sich hierüber im allgemeinen nur sagen, daß der Minderverbrauch an Brennmaterial in diesem Ofen bei kontinuierlichem Betriebe im Vergleiche mit dem Verbrauche der besten periodischen Öfen, in welchen annähernd gleich gute qualitative Resultate erzielt werden, mindestens die Höhe von 30% beträgt, sehr oft auch mehr.

Die Angaben über den Brennstoffverbrauch in Gaskammeröfen sind sehr verschieden.

1. Nach der Mitteilung der Firma Eckardt & Hotop[3]) werden zum Brennen von 100 kg Schamottewaren bei Segerkegel 10—12 etwa 10—12 kg Briketts von Niederlausitzer Braunkohle von 4500—4800 WE gebraucht.

2. In einem anderen Fall gibt dieselbe Firma einen Verbrauch bei Segerkegel 12—14 von 13 kg oberungarischer Braunkohle von 4000—4300 WE an (Kerpely-Generator).

3. Nach Fischers Angaben[4]) werden für 100 kg feuerfeste Waren gebraucht: 10 kg Steinkohle oder 31 kg hessische Braunkohle gleich 12,5 kg Steinkohle oder 147 kg oberschle-

---

[1]) Kerl, Handbuch der gesamten Tonwarenindustrie. S. 883. Br. 1907.

[2]) Mendheim, Brennöfen mit Gasfeuerung. S. 12.

[3]) Bericht über die 33. ordentliche Hauptversammlung des Vereins deutscher Fabriken feuerfester Produkte. S. 114.

[4]) Fischer, Taschenbuch für Feuerungstechniker. S. 88.

sische Kleinkohle, im Durchschnitt 12,5 kg mittlere Steinkohle.

4. Nach Kerl[1]) verbrauchen kleinere ständig betriebene Gaskammeröfen 120—140 kg und große Öfen 100 kg Steinkohle für 1000 kg gebrannte Ware.

5. In einem kontinuierlichen Ofen wurde von einer besseren böhmischen Braunkohle 190—200 kg (Mittelkohle) für 1000 kg Schamotteware bei Segerkegel 13 verbraucht.

6. Nach Wernike[2]) beträgt der Brennstoffverbrauch bei einem Garbrand von Segerkegel 9 und bei einer Kohle von 6000 WE 17—18,5%.

7. Ing. Baier behauptete in der 33. ord. Hauptversammlung des Vereins deutscher Fabriken feuerfester Steine, daß der Wärmeverbrauch im Gaskammerofen der Firma Hotop bei den für die Schamottefabrikation in Betracht kommenden Temperaturen (1300—1400° C) etwa 55 000—65 000 WE beträgt.

Der Wärmeverbrauch, in Wärmeeinheiten (Kalorien) ausgedrückt, beträgt pro 100 kg gebrannte Schamottewaren in den 7 zitierten Fällen annähernd:

1. 58 000 WE	4. 68 000 WE
2. 56 000 ,,	5. 88 000 ,,
3. 75 000 ,,	6. 102 000 ,,

7. 55 000—65 000 WE.

Es wäre nun interessant, zu sehen, wieviel Wärmeeinheiten theoretisch nötig sind zum Brennen von ebenfalls 100 kg Schamottewaren.

Die spezifische Wärme der Schamottefabrikate ist durchschnittlich nach Jochum[3]) = 0,24 (Vgl. auch die Anlage 8 und Abb. 40 im Anhang); in seinem anderen Buche[4]) gibt Jochum die Werte 0,208—0,23 an; nach den neuesten Untersuchungen von J. Knothe[5]) ändert sich die spezifische Wärme der Tone mit der Temperaturänderung wie folgt:

Rohton . . . . = 0,237
,, bei 650° . . . . . = 0,204
,, bei 1050° . . . . . = 0,200.

[1]) Kerl, Handbuch der gesamten Tonwarenindustrie. S. 883.
[2]) Wernicke, Die Fabrikation der feuerfesten Steine. Berlin OS. S. 72.
[3]) Jochum, Über technische Feuerungen. S. 18.
[4]) Jochum, Der Drehrohrofen als modernster Brennapparat. Braunschweig 1911.
[5]) Sprechsaal 1913, S. 769.

Ich setze die spezifische Wärme mit 0,2 ein.

Um 100 kg Schamottewaren auf 1450° C zu bringen (Segerkegel, 15) wird eine Wärmemenge nötig sein, die dem folgenden Ansatze entspricht:

$$0{,}2 \cdot 1450 \cdot 100 = 29\,000 \text{ WE}.$$

Die Schamottesteine, die beispielsweise zu $^3/_4$ des Gewichtes mit entwässerten Schamottekörnern versetzt sind, können unter Umständen noch ca. 5% Konstitutionswasser enthalten, weil es ja Tone[1]) gibt, die einen Wassergehalt bis 18% aufweisen. Die aus der Trocknerei kommenden Steine enthalten außerdem noch immerhin ca. 3% (und mehr) hygroskopisches Wasser (aus dem sog. Anmachewasser). Ich will annehmen, daß die Steine beim Einsetzen in Öfen insgesamt 8% Wasser enthalten.

100 kg Steine enthalten demnach 8 kg Wasser.

Nach Regnault benötigt 1 kg Wasser, um in Dampf von der Temperatur der abziehenden Rauchgase (in unserem Beispiel = 200° C) verwandelt zu werden:

$$606{,}5 + 0{,}305 \cdot 200 = 666{,}5 \text{ WE}.$$

Für 8 kg Wasser würden also 666,5 · 8 = 5332 WE anzuwenden sein. (Diese Wärmemenge kann übrigens von der Abhitze geliefert werden.)

Zu berücksichtigen ist aber noch der Wärmeverlust durch die Abgase.

Der Wärmeverlust durch die abziehenden heißen Rauchgase ist gleich dem Produkt aus der Menge der Abgase und deren Wärmekapazität und der Differenz zwischen der Temperatur der Abgase und der zur Feuerung strömenden Frischluft.

Wie in dem Abschnitte „Die berechnete Temperatur“ gezeigt wurde, liefern 100 kg vergaste Kohle bei der Verbrennung 357 276 WE.

100 kg Kohle entsprechen ferner 529 kg Verbrennungsprodukte, deren Wärmekapazität zu 196,26 WE ausgerechnet wurde. Wenn die Differenz zwischen der Temperatur der Essengase und der Luft 200° C beträgt, so wird der Wärmeverlust durch den Essenzug:

$$196{,}26 \cdot 200 = 39\,252 \text{ WE betragen.}$$

---

[1]) Sprechsaal-Kalender 1910, S. 101—105.

Prozentual wäre der theoretisch ermittelte Wärmeverlust durch die abziehenden Rauchgase gleich:

$$\frac{39\,252 \cdot 100}{356\,276} = 11\% \text{ der gesamten Wärmemenge.}$$

Da zum Brennen von 100 kg Chamottewaren, wie es später gezeigt wird, 30,90 kg Kohle verbraucht wird, so beträgt der Essenverlust $\frac{30{,}90 \cdot 39\,252}{100} = 12\,128$ WE.

Es würde mich zu weit führen, an dieser Stelle auch die Verluste durch Strahlung, Leitung[1]) und andere rechnerisch zu ermitteln. (Siehe Abschnitte II L und IV C auf S. 65 und 84.) Ich möchte statt dessen einige aus der Praxis stammende Angaben über die Größe solcher Verluste bringen.

Nach den Versuchen von Toldt und V. Jüptner betrug der Verlust durch Essenzug und Strahlung (auch Leitung) 23,86% der Gesamtwärme.

Nach Joly[2]) ist die Verbrennung günstig, wenn die gewonnene Wärme 70% beträgt, der Schornsteinverlust 16% nicht übersteigt, der Verlust durch Leitung und Strahlung ca. 10% ausmacht und verschiedene andere Verluste (Unverbranntes in der Asche, Ruß usw.) 4% gleich sind.

Die gesamten Wärmeverluste betragen demnach 30% des Wärmeverbrauches.

Die von mir ermittelten theoretischen Wärmemengen von 29 000 + 5332 + 12 128 WE bilden natürlich nur einen Teil des Wärmeverbrauches, weil außer den oben genannten Verlusten, Gasverlusten infolge undichter Fugen, Strahlungs- und Leitungsverlusten und anderen sind dazu noch beträchtliche, im Ofen angesammelte Wärmemengen zu zählen, welche letzteren meines Erachtens nach nur auf dem Wege des Versuches zu ermitteln sind.

Auch wird die Wärmeleitfähigkeit von Chamotteziegeln mit steigender Temperatur größer. (Feuerungstechnik 1914, S. 204.) Es ist dazu noch nicht genau bekannt, ob nicht beim Brennen von Schamotten chemische, wärmeaufnehmende Reaktionen entstehen.

---

[1]) Wärmeleitungskoeffizient für 1 qm Fläche und 1 m Dicke beträgt für gebrannten Ton nach Péclet 0,63, nach Jochum 0,69.

[2]) Joly, Technisches Auskunftsbuch.

Wie aus diesen Betrachtungen hervorgeht, ist es fast unmöglich, absolut genau auf theoretischem Wege den Wärmeverbrauch zum Brennen von Schamottefabrikaten festzustellen.

Um ganz sicher vorzugehen, nehme ich mit Rücksicht auf höhere Temperaturen an, daß zum Brennen von 100 kg Schamottewaren 110 000 WE aufzuwenden sind. Diese Zahl ist entschieden zu hoch gegriffen. Aber in dieser Arbeit stellte ich mir selbst die Aufgabe, nicht eine genaue Wärmebilanz des Schamottesteinbrandes zu ermitteln, sondern den praktischen Konstrukteuren den Weg zu zeigen, wie eine auf theoretischen Grundlagen aufgebaute Berechnung eines Ofens zum Brennen von grobkeramischen Waren vor sich gehen soll. Es möge der Ofenkonstrukteur an den entsprechenden Stellen des Berechnungsganges Zahlen einsetzen, die den praktischen Verhältnissen mehr entsprechen.

359 kg Generatorgase liefern 356 276 WE
100 kg Kohle geben 359 kg Generatorgase
1 kg Kohle (vergast im Generator) liefert:

$$\frac{356\,276}{100} = 3563 \text{ WE.}$$

Zum Brennen von 100 kg Schamottewaren werden demnach also $\frac{110\,000}{3563} = 30{,}90$ kg Braunkohle von obiger Zusammensetzung verwendet.

Der Rauminhalt jeder Kammer wurde auf 40 cbm festgesetzt.

Pro 1 cbm Ofenraum, wie es früher ausgerechnet wurde, kommen 1080 kg Schamottewaren; pro Kammer $= 40 \times 1080 = 43\,200$ kg.

Für 100 kg Schamottewaren sind 30,90 kg unserer Kohle zu vergasen; pro Kammer sind also:

$$\frac{43\,200 \cdot 30{,}90}{3563} = 13\,350 \text{ kg Braunkohle nötig.}$$

Die Branddauer soll 28 Stunden betragen.

Pro Stunde werden also: $\frac{13\,350}{28} = 477$ kg und pro Minute $\frac{477}{60} = \backsim 8$ kg der Braunkohle in den Generatoren vergast.

G. Die Verbrennungsprodukte.

100 kg Kohle liefern 290,087 cbm Generatorgase; 8 kg (die minutlich vergast werden) liefern demnach

$$\frac{290\,087 \cdot 8}{100} = 23{,}21 \text{ cbm}$$

oder in einer Sekunde wird

$$\frac{23{,}21}{60} = 0{,}387 \text{ cbm Gas erzeugt:}$$

Man kann die Gase von den Verunreinigungen und von den kondensierbaren Bestandteilen befreien[1]), indem man sie durch eine Kondensationsanlage oder durch lange Kanäle hindurchleitet.

Nach der Kondensation, bei der Wasserdampf und Schwefeldioxyd zurückgehalten werden, hat das Generatorgas folgendes Zusammensetzung:

Kohlenwasserstoff	10,88 kg
Wasserstoff	0,49 „
Kohlenoxyd	71,14 „
Kohlensäure	29,31 „
Stickstoff	215,84 „
Summe	327,66 kg.

Diese 327,66 kg entsprechen 290,87 (28,378 + 3,805) = 257,9 cbm Generatorgase.

Wie oben ausgerechnet wurde, werden in einer Minute 8 kg Kohle vergast.

Da 100 kg Kohle nach der Kondensation 327,66 kg geben, liefern 8 kg Kohle $\frac{327{,}66 \cdot 8}{100} = 26{,}21$ kg Gas, so daß, da 327,66 kg 257,9 cbm entsprechen, in der Minute nach der Kondensation $\frac{257{,}9 \cdot 26{,}21}{327{,}66} = 20{,}62$ cbm Gas den Kanal durchströmen.

---

[1]) Ich verweise auf die Berechnung über die Rentabilität der Kondensation bei Toldt, Regenerativ-Gasöfen, Auflage 1898, S. 156—184.

Aus der Zusammensetzung der Gase läßt sich die erforderliche Zweitluftmenge berechnen.

Zusammensetzung der Generatorgase	Erforderliche Verbrennungsluft in cbm	Verbrennungsprodukte
CH_4 = 10,88 kg	10,88 · 13,44 = 139,19 cbm	10,88 · 14,84 = 161,46 cbm
H = 0,49 kg	0,49 · 26,88 = 13,17 cbm	0,49 · 32,48 = 15,91 cbm
CO = 71,14 kg	71,14 · 1,92 = 136,59 cbm	71,14 · 2,32 = 165,04 cbm
CO_2 = 29,31 kg	—	$\frac{29,31}{1,9663}$ [1]) = 14,91 cbm
N = 215,84 kg	—	$\frac{215,84}{1,2552}$ [1]) = 171,95 cbm
Summe 327,66 kg entsprechend 100 kg der Braunkohle	288,95 cbm	529,27 cbm

Außerdem werden noch 20% der Luft im Überschusse zugeführt:

$$\frac{288,95 \cdot 20}{100} = 57,79 \text{ cbm} .$$

Demnach beträgt die zugeführte Luftmenge 288,95 + 57,79 = 346,74 cbm.

Die Verbrennungsprodukte sind gleich 529,27 + 57,79 = 587,06 cbm.

In der Minute werden 26,21 kg Gas verbraucht. 327,66 kg Gas liefern 587,06 cbm Verbrennungsprodukte; 26,21 liefern demnach pro Minute

$$\frac{587,06 \cdot 26,21}{327,06} = 47,05 \text{ cbm Verbrennungsprodukte.}$$

Von den Verbrennungsprodukten wird das aus den Schamottefabrikaten ausgetriebene Anmache- und Konstitutionswasser mitgenommen.

Nach den Untersuchungen von Rieke, Mellor und Holdcroft, Le Chatelier u. a.[2]) geht die Entwässerung

[1]) 1 cbm CO_2 wiegt 1,96663 kg; 1 cbm N wiegt 1,2552 kg.

[2]) R. Wohlin, Zur Kenntnis der thermischen Analysen von Tonen, Bauxiten und einigen verwandten Körpern. Silikatzeitschrift 1913, S. 225.

der Tone nicht gleichmäßig vor sich. Ich will aber der Einfachheit halber annehmen, daß in jeder Zeiteinheit das gleiche Quantum H_2O aus dem Brenngut ausgetrieben wird.

Die Kammer enthält 43 200 kg Schamottewaren. In 100 kg Schamottewaren sind 8 kg Wasser enthalten; aus der Kammer werden also $\frac{43\,200 \cdot 8}{100} = 3756$ kg H_2O ausgetrieben.

Es entweicht aus dem Brenngut pro Stunde $\frac{3756}{28}$ und pro Minute $\frac{3756}{28 \cdot 60} = 2{,}27$ kg Wasserdampf. 1 cbm Wasserdampf wiegt 0,8045 kg; 2,27 kg Wasserdampf sind

$$\frac{2{,}27}{0{,}8045} = 2{,}82 \text{ cbm Wasserdampf gleich.}$$

Die durch den Schornstein pro Minute abzuleitende Abgasmenge ist demnach: $47{,}05 + 2{,}82 = 49{,}87$ cbm gleich.

Es ist noch zu berücksichtigen, daß die Abgase zwecks Ausnutzung ihrer Wärme nicht direkt, sondern durch einige mit frischem Brenngut besetzte Kammern zum Schornstein geleitet werden. Wenn wir die Temperatur der Abgase beim Austritt aus der Kammer, in welcher der Brand stattfindet, und beim Eintritt in den Schornstein kennen, sind wir imstande, da uns die sonstigen für die Rechnung nötigen Werte (spezifische Wärme der Gase, der Schamotte, das zu verdampfende Wasser, Aufenthaltszeiten der Gase usw.) zur Verfügung stehen, auszurechnen:

1. Bis zu welchem Maximum von Kammern die Verbrennungsprodukte hindurchgeleitet werden können und
2. wieviel Wasserdampf bei diesem Vorgange von den Abgasen mit fortgenommen und durch den Schornstein abgeleitet wird.

Man kann annehmen, daß die minutlich abzuführende Rauchgasmenge (49,87 cbm) infolge der Wasserdampfmitnahme 50—52 cbm nicht erheblich übersteigt.

Die Menge der Verbrennungsluft wurde früher für 100 kg Brennstoff auf 346,74 cbm festgestellt. Da in der Minute 8 kg Brennstoff verbraucht werden, ist die Luftmenge pro Minute $\frac{346{,}74}{100} \cdot 8 = 26{,}43$ cbm.

H. Die Ermittlung der Kanalquerschnitte.

Eine allgemeine Formulierung der Querschnitte ergibt sich wie folgt:

Wenn B die pro Minute gebrauchte Kohlenmenge ist, so ist diese in der Sekunde

$$\frac{B}{60}.$$

Liefert 1 kg Kohle Q cbm Generatorgase, so ist die in einer Sekunde entwickelte Gasmenge:

$$\frac{QB}{60}.$$

Jeder Körper nimmt pro 1° C einen Bruchteil seines Volumens an Volumen zu. Diesen Bruchteil nennt man den Ausdehnungskoeffizienten und bezeichnet ihn mit α.

$$V_t = V_o (1 + \alpha t).$$

Danach ist die pro Sekunde entwickelte Gasmenge gleich

$$\frac{QB}{60} (1 + \alpha t).$$

Ist nun V die bewährte Gasgeschwindigkeit an der betreffenden Stelle der Ofenanlage, so erhalten wir als allgemeine Formel für die Querschnitte

$$A = \frac{QB}{60\,V} (1 + \alpha t).$$

Der Ausdehnungskoeffizient für Luft und permanente Gase ist nach Toldt konstant und beträgt annähernd 0,00366.

Was die Temperaturen und die Geschwindigkeiten der Gase an den verschiedenen Teilen der Ofenanlage betrifft, so fehlen mir leider ganz einwandfreie, auf dem Wege des Versuches gefundene Zahlen. In der Fachliteratur gelang es mir nicht, solche zu finden, weil darüber überhaupt herzlich wenig veröffentlicht wird.

An dieser Stelle sei noch einmal (vgl. S. 27) ausdrücklich betont, daß diese Arbeit in erster Linie darauf hinzielt, zu zeigen, wie eine auf wissenschaftlicher Grundlage ausgebaute wärmetechnische Berechnung vor sich gehen sollte, und es ist die Sache des gebildeten Ofenkonstrukteurs, die auf rechnerischem Wege ermittelten Werte mit den praktischen Verhältnissen zu kombinieren.

Aus den oben erwähnten Gründen bin ich angewiesen, die für meine Berechnung nötigen Daten den Abmessungen für industrielle Regenerativöfen und für andere den Gaskammeröfen ähnlichen Anlagen zu entnehmen.

An den betreffenden Ofenstellen mögen die Temperaturen folgende Werte haben:

1. Beim Ausströmen der Gase aus dem Generator 300° C.

2. In dem Gashauptkanal 200° C.

Je länger der Gashauptkanal ist, um so größer werden die Temperaturverluste. Nach Jochum beträgt der Temperaturverlust bei gut gemauerten Zügen (die in trockenen Boden oder sonst wie vor Nässe geschützt liegen bzw. angeordnet sind) oder Rauchkanälen pro laufenden Meter 2—3%, im Mittel 2,5%. Nach Würtenbergers Versuchen beträgt die Abkühlung in unterirdischen Kanälen nur 3° C pro 1 m Länge.

Aus diesem Grunde sollte man eigentlich entweder den Gashauptkanal entsprechend der Entfernung von Generatoren verjüngen oder den Gaszuleitungskanälen in jeder einzelnen Kammer verschiedene Dimensionen geben, um eine gleiche Geschwindigkeit zu erhalten. Die Unterschiede sind aber nicht so bedeutend, und man kann im Gashauptkanal eine mittlere konstante Temperatur annehmen.

3. In den Gaszuleitungskanälen herrscht eine höhere Temperatur, weil hier das Gas unter eine hoch erhitzte Kammer geleitet wird. Ich nehme die Temperatur in diesem Ofenteile annähernd gleich der Temperatur der Gase beim Eintritt in den Regenerator in Regenerativöfen und setze sie mit 400° C an.

4. Die Luftzufuhr geschieht durch dieselben Öffnungen, durch welche die Verbrennungsprodukte von Kammer zu Kammer und endlich durch die Rauchkanäle zum Schornstein geleitet werden. Da die pro Minute zugeführte Luftmenge (29,18 cbm) kleiner ist als die minutlich abzuführende Abgasmenge (46,72—50 cbm) je nach der Lage der Kammer, so braucht man nicht diese Öffnungen in bezug auf Luft zu berechnen. Die Luftzufuhr wird vielmehr mittels Schieber reguliert.

5. In den Verbrennungschlitzen herrscht eine hohe Temperatur, die vor dem Eintritt in den Schlitz in keinem Falle niedriger als die Entzündungstemperatur des Luftgasgemisches sein darf. Die Temperatur in den Verbrennungsschlitzen soll 1500° C betragen.

6. Im Ofen selbst (d. h. in der Kammer) herrscht eine Temperatur von 1400° C.

7. Die Verbrennungsgase ziehen aus dem Ofen mit einer Temperatur von 1000° C ab.

8. In den Rauchkanal treten die Rauchgase, die den größten Teil ihrer Wärme in den mit dem Brenngut besetzten Kammern abgeben, durchschnittlich mit einer Temperatur von 300° C und

9. am Fuße der Esse beträgt ihre Temperatur 200° C.

Die Kanäle, die die einzelnen Ofenteile verbinden, werden so dimensioniert, daß eine möglichst rasche Bewegung der Gase eintritt, um den Verlust durch Leitung und Strahlung gering und überhaupt die ganze Anlage möglichst kompendiös werden zu lassen. Andererseits soll aber auch durch diese Kanäle möglichst wenig Widerstand in das Ofensystem gebracht werden, um den Schornsteinzug möglichst für den Betrieb der Ofenteile, die ihrer Natur nach großen Widerstand geben, wie die mit zu brennenden Steinen gefüllten Kammern, auszunutzen. Auch verbieten sich zu enge Kanäle wegen der möglichen Verlegung durch Ruß, Teer und Flugstaub.

Diesen Bedingungen scheint eine mittlere Gasgeschwindigkeit von 3 m pro Sekunde zu entsprechen.

Die Zahlen über die Geschwindigkeit der Generatorgase, der Luft und der Verbrennungsprodukte entnehme ich den vorhin mehrfach zitierten Arbeiten von Toldt, Dralle und Jüptner u. a.

Sie soll betragen:

1. Beim Ausströmen aus dem Generator 1,0 m/sek.
2. In dem Gashauptkanal 1,5 m/sek.
3. In den Gaszuleitungskanälen 3,0 m/sek.
4. In den Luftzufuhröffnungen wie in den Abzugsöffnungen (s. unter 7).
5. In den Verbrennungsschlitzen muß eine möglichst große Geschwindigkeit erzielt werden, um eine weit in das Ofeninnere hineinschlagende Flamme zu erhalten.

Bei den Glasschmelzöfen beträgt die Gasgeschwindigkeit in den Verbrennungsschlitzen nach Dralle 10—20 m/sek., nach Myskowsky[1]) 8 m/sek.; für Siemens-Martinöfen beträgt dieselbe nach Toldt 10 m/sek.

Ich nehme 10 m pro Sekunde an.

6. Im Ofen selbst 2,0 m/sek.

7. In den Abzugsöffnungen zu den nächsten Kammern 3,0 m/sek.

8. Im Rauchkanal 3,0 m/sek.

9. Die Geschwindigkeit am Fuße der Esse und im Schornstein selbst wird im nächsten Abschnitte ausgerechnet.

Die zur Ermittlung der Querschnitte früher abgeleitete Formel lautet:

$$A = \frac{Q\,B}{60\,V}(1 + \alpha\,t)\,.$$

Der Wert $Q\,B$ (pro Minute) wurde früher festgestellt. Er betrug:

I. Für die noch nicht kondensierten Gase vor dem Eintritt in den Gashauptkanal 22,60 cbm.

II. Nach dem Entfernen des Wasserdampfes und des Schwefeldioxyds (in einer Kondensationsanlage oder in langen Leitungen) 20,62 cbm.

III. Für die Verbrennungsprodukte 50,00 cbm.

IV. Für die Sekundärluft 26,43 cbm.

Jetzt können wir die Fläche des Querschnittes eines beliebigen Ofenteiles ermitteln.

So ist z. B. der Querschnitt der Gaszuleitungskanäle gleich:

$$\frac{20{,}62\,(1 + 0{,}00366 \cdot 400)}{60{,}3} = 0{,}282 \text{ qm}\,.$$

Bei 2 Gaszuleitungskanälen ist der Querschnitt des jeden gleich $0{,}282 : 2 = 0{,}141$ qm, oder jede Seite des Kanals, wenn der Querschnitt eine quadratische Form erhalten soll, $= \sqrt{0{,}142} = 0{,}38$ m.

Der Querschnitt der Rauchkanäle stellt sich auf:

$$\frac{50\,(1 + 0{,}000366 \cdot 300)}{60 \cdot 3} = 0{,}583 \text{ qm}\,.$$

[1]) Myskowsky, Pyrometrische und bautechnische Berechnung eines zehnhäfigen Regenerativgasofens. S. 20. (Verlag der Keramischen Rundschau. Berlin.)

Der Querschnitt der Gasleitung vom Generator zum Gashauptkanal wird

$$\frac{20,62\,(1 + 0,00366 \cdot 300)}{60 \cdot 15} = 0,500 \text{ qm}\,.$$

Auf diese Weise lassen sich die Abmessungen der sämtlichen anderen (auch hier nicht erwähnten, wie z. B. Schmauchkanäle usw.) Kanäle ermitteln.

I. Die Generatoren.

Der Querschnitt des Generatorschachtes ist ohne Einfluß auf den Vergasungsprozeß.

Die Schütthöhe des Vergasungsmaterials ist nach Hohlbaum für Braunkohle 1,2 m. Man muß also dem Generatorschacht bis zur Gasentströmungsöffnung, wenn diese sich in der Stirnmauer befindet, mindestens die Höhe 1,4—1,6 m über dem höchsten Punkte des Rostes geben. Vom oberen Teil der Gasanströmung gibt man eine Höhe von 50—60 cm, so daß die Höhe des Schachtes über den Rost im Mittel 2,5 m beträgt.

Ledebur gibt an, daß in Zuggasgeneratoren bei schwächerem Zug 40—50 kg, bei gutem bis 60 und bei stärkerem Zug 75 kg Kohle pro Quadratmeter freie Rostfläche anzunehmen sind. Als Mittel kann man 60 kg pro Stunde annehmen, im Durchschnitt 1 kg pro Minute.

Früher wurde ausgerechnet, daß pro Minute 8 kg Kohle zu vergasen sind. Demnach ergibt sich eine Rostfläche von 8 qm.

Nach Steinmann soll die Rostfläche des Generators 2,5 qm nicht erheblich übersteigen. Auch nach Hohlbaum macht man die Rostfläche des Generators nicht gern größer als 2,5 qm, da sich eine größere Rostfläche schwer reinhalten läßt.

Darum müssen 3 Generatoren (8 : 2,5) errichtet werden.

Die freie Rostfläche soll bei Treppenrost nach Toldt $^1/_2$—$^3/_4$ der Gesamtrostfläche sein.

K. Der Schornstein.

Der Schornstein bildet den wichtigsten Teil des Ofens. Einerseits bewirkt er die Abführung der Verbrennungsgase in die Atmosphäre, andererseits saugt er die zur Verbrennung nötige Luft zum oder durch den Verbrennungsort.

Die Wirkung des Schornsteins beruht:

1. Auf dem Unterschiede zwischen dem spezifischen Gewichte der uns umgebenden atmosphärischen Luft und dem der Verbrennungsprodukte. Letztere sind um so leichter, je heißer sie sind.

2. Auf der verschiedenen Höhe und somit dem verschiedenen Gewichte der Luftsäule, welche einerseits auf der Feuerung, andererseits auf der Mündung des Schornsteins ruht. Die letztere ist um soviel niedriger (mithin entsprechend leichter), als der Schornstein hoch ist. Der Zug wächst also unter sonst gleichen Bedingungen mit der Höhe des Schornsteins.

1 cbm Luft bei 0° und 760 mm Druck wiegt nach Regnault 1,239 kg. Nach dem Gay-Lussac-Mariottschen Gesetze wächst das Volumen der Gase mit steigender Temperatur. Die Volumeneinheit bei 1 cbm Luft wird mit steigender Temperatur bei gleichem Barometerstand unter Ausdehnung ihres Volumens immer leichter. Das Gewicht der Luft würde für 1 cbm bei $t°$ Temperatur im Schornstein sein: $\frac{1,239}{1 + \alpha t}$, wobei $\alpha = \frac{1}{273} = 0,00365$ der Ausdehnungskoeffizient derselben (sowie aller permanenten Gase) ist. Demnach ist bei 273° C Lufttemperatur im Schornsteine bereits das halbe Gewicht des Volumeneinheit der umgebenden Atmosphäre bei 0° C oder die Volumeneinheit von 1 cbm Luft bei 0° C hat sich bei 273° C verdoppelt.

Der Motor der Verbrennung, der Schornstein, funktioniert dementsprechend mit umso größerer Intensität, mit je höherer Temperatur wir die Rauchgase in ihn einlassen, d. h. je größer die Differenz zwischen der Temperatur der atmosphärischen Außenluft und der Temperatur der Rauchgase ist, denn es ist die Gesamtheit des im Betrieb befindlichen Ofens als nichts weiter anzusehen, als eine kommunizierende Röhre, deren einer Schenkel eine der höheren Temperatur entsprechende leichtere Luftsäule enthält, welche durch die Feuerung zuströmende kalte Luft des anderen Schenkels, d. i. die äußere Atmosphäre hinausgetrieben wird.

Wenn die Verbrennungsprodukte den Schornstein mit hoher Temperatur entlassen, können erhebliche Mengen nutzbarer Wärme ungenutzt mit hinausgeführt werden.

Nach Toldtschen Berechnungen[1]) ergibt sich, daß der Zug eines Schornsteins mit dem Werte $\sqrt{\frac{t_1 - t}{1 + \alpha t}}$ wächst, lebhaft sein wird, wenn die Temperatur der Essengase t^1 100° C erreicht, daß es keinen bedeutenden Nutzen bringen kann, diese Temperatur über 200° C zu steigern.

Ich habe bereits früher die Temperatur der Essengase mit 200° C eingesetzt. Die Temperatur der Außenluft setze ich mit 0° C[2]) ein.

Die Geschwindigkeit, mit der die Heizgase die Schornsteinmündung verlassen, wechselt nach den bestehenden Verhältnissen. Sie soll wenigstens 3 m/sek. betragen, da alsdann die störende Wirkung widriger Winde verhindert wird, die die Rauchgase wieder in den Kamin zurückdrängen.

Die theoretische Geschwindigkeit der Rauchgase wird nach der folgenden Formel berechnet:

$$V = \sqrt{2\,g\,H\,\frac{T - t}{273 + t}}\,;$$

Hier ist:

V = die theoretische Geschwindigkeit,
g = bekannte Größe = 9,81,
H = die Höhe des Schornsteins,
T = die Temperatur, mit der die Rauchgase den Schornstein verlassen,
t = die Temperatur der Außenluft.

Es wäre für diese Formel noch der Wert für H zu ermitteln.

Je niederer ist die Temperatur der Essengase, um so höher muß nach Jochum der Schornstein sein, um eine normale Zuggeschwindigkeit der Gase zu gewährleisten.

Die Zugkraft des Schornsteins steigt bloß mit dem Werte $\sqrt{H}$, also im Verhältnis der Quadratwurzel der Höhe. Bei einer 2-, 3-, 4fachen Höhe würde die Leistung auf das 1,4-, 1,73-, 2fache wachsen, so daß man unter sonst gleichen Annahmen zur Erreichung einer doppelten Zugleistung einen viermal so großen Schornstein bauen müsse.

Dagegen steigt die Essenwirkung bei der Vergrößerung des Querschnittes in direktem Verhältnis, so daß bei 4fachem Querschnitt eine 4fache Zugwirkung erreicht wird.

---

[1]) Toldt, Regenerativ-Gasöfen. S. 210—213.
[2]) Sonst ist eine Jahrestemperatur von 25—27° C anzunehmen.

Es gibt nun eine ganze Anzahl von Formeln, Vorschriften usw., um die Schornsteinhöhe zu ermitteln. Nach Toldt ist eine Schornsteinhöhe über 30—40 m selten vorteilhaft. Aus hygienischen Gründen darf man nicht in den Großstädten unter 35 m gehen.

Ich entnehme die Schornsteinhöhe den Prechtelschen Tabellen. Demnach beträgt die Höhe des Schornsteins für unsere Verhältnisse (als Ausgangspunkt wird die stündlich vergaste Kohlenmenge angenommen) 35 m.

Die Geschwindigkeit der Verbrennungsprodukte wird sich nach der oben angegebenen Formel zu

$$V = \sqrt{\frac{2 \cdot 9{,}81 \cdot 35\,(200 - 0)}{(273 + 0)}} = 22{,}5 \text{ m/sek}.$$

berechnen.

Nach einer in Waldau, Der Fabrikschornstein (S. 27), angegebenen Berechnung werden 33% der Zugkraft für die Abführung der Rauchgase und 67% zur Überwindung der Zugwiderstände aufgewendet. Demnach ist

$$V \text{ prakt.} = \frac{V \text{ theor.}}{3} = \frac{22{,}5}{3} = 7{,}5 \text{ m/sek}.$$

In einem Gaskammerofen, wo die zu brennende Ware einerseits und die vorzuwärmenden Kammern andererseits den Verbrennungsprodukten viel Widerstand bieten, wird dieses Verhältnis noch größer. In der weiter zur Berechnung des Schornsteins anzuwendenden Formel wird das zum Ausdruck gebracht.

Unter den verschiedenen Formen des Schornsteinquerschnittes gebührt unzweifelhaft der kreisrunden der Vorzug, weil sie gegen Winddruck den besten Widerstand bietet und weil der Reibungswiderstand hier, infolge der kleinsten Reibungsoberfläche, der geringste ist.

Früher haben wir die vom Schornstein in der Minute abzuziehende Rauchgasmenge auf 50 cbm festgelegt. Bei der am Fuße der Esse herrschenden Temperatur von 200° C werden diese 50 cbm ein größeres Volumen einnehmen, und zwar:

$$V_t = V_0 (1 + \alpha t)\,; \qquad V_t = 50\,(1 + 0{,}00366 \cdot 200) = 86 \text{ cbm}.$$

Pro Sekunde hat also der Schornstein $\frac{86}{60} = 1{,}43$ cbm Rauchgase in die atmosphärische Luft hinauszuleiten.

Der Querschnitt des Schornsteins wird sich nach der Prechtelschen Formel wie folgt berechnen:

$Q = \frac{1}{6} F\, V$ prakt.; daraus

$$F = \frac{6\,Q}{V \text{ prakt.}}$$

F = die Fläche des Querschnittes,

Q = die pro Sekunde abzuführende Rauchgasmenge = 1,43 cbm.

V prakt. = die praktische Geschwindigkeit der Gase im Schornstein = 7,5 m/sek.

$$F = \frac{6 \cdot 1{,}43}{7{,}5} = 1{,}1 \text{ qm}.$$

$$F = \frac{\pi\, d^2}{4}; \qquad \text{daraus } d = \sqrt{\frac{4F}{\pi}}.$$

$$d = \sqrt{\frac{4 \cdot 1{,}1}{3{,}13}} = 1{,}2 \text{ m}.$$

Der Zug der Esse wird sein:

Fläche · Geschwindigkeit 1,1 · 7,5 = 8,67 cbm.

Der Essenzug ist demnach so stark, daß er das $\frac{8{,}67}{1{,}43}$[1] = 6fache Volumen der Essengase zu bewältigen vermag.

Es wäre schließlich noch die Konizität des Schornsteins zu ermitteln.

Dieselbe muß möglichst groß gewählt werden, weil dadurch die Stabilität des Schornsteins zunimmt, ferner aber auch, weil die obere Öffnung nur eine so große Weite erhalten soll, als nötig ist, damit die Verbrennungsprodukte mit der erlangten Geschwindigkeit ausströmen können und das bei geringerer Geschwindigkeit mögliche, den Zug störende Eindringen kalter Luft in den oberen Teil des Schornsteins vermieden werde.

Nach Redtenbacher nimmt die Konizität pro laufenden Meter 13 mm zu. Demnach sollte der untere lichte Durchmesser des Schornsteins

$$1{,}2 + 0{,}013 \cdot 34 = 1{,}64 \text{ m}$$

betragen.

---

[1]) 1,43 = das Volumen der Essengase bei der entsprechenden Temperatur.

II. Wärmebilanz eines Glasschmelzofens.[1]

A. Einleitung.

Milliarden und Abermilliarden von Kalorien fliegen alltäglich aus den Fabrikschornsteinen in die atmosphärische Luft nutzlos hinaus; noch mehr Wärmeenergie geht durch Leitung und Strahlung an den feuerungstechnischen Apparaten selbst (Dampfkessel, Öfen usw.) verloren. Der Aufwand an Wärme für den eigentlichen Fabrikationsprozeß bildet nur einen kleinen Teil des gesamten Wärmeverbrauches der betreffenden Anlage. So bildet z. B. der Wärmeaufwand für den eigentlichen Glasbildungsprozeß, wie es weiter unten auf Grund der Bilanz gezeigt wird, nur etwa 13,7% der im Glasschmelzofen verbrauchten Wärmeenergie.

Wenn im allgemeinen zur Zeit[2]) noch keine Notwendigkeit vorliegt, den Brennstoffverbrauch zu beschränken, so ist eine durch Vermeidung unnötiger Kalorienverschwendung bedingte Sparsamkeit immerhin am Platze. Wie eine Geldwirtschaft, so ist auch eine Wärmewirtschaft ohne Bilanz undenkbar. Nur durch eine Wärmebilanz läßt sich feststellen, ob und inwiefern eine feuerungstechnische Anlage wirtschaftlich und rationell funktioniert.

Gewisse Wärmeverluste sind bei jedem feuerungstechnischen Prozeß unvermeidlich; man kann aber solche Verluste durch rationelle Maßnahmen mehr oder weniger verringern. In den modernen Methoden der Chemie und Physik, in den neueren Meßinstrumenten (Pyrometer, Gasuntersuchungsapparate usw.), in den thermodynamischen Gesetzen sind uns reiche Mittel in die Hand gegeben, um einen klaren Einblick in die pyrochemischen Vorgänge einer Feuerung, eines Schmelzapparates zu bekommen und diese Vorgänge zahlenmäßig darzustellen.

Wie verhältnismäßig einfach die für die Aufstellung der Bilanz durchzuführenden Berechnungen, und mit welch einfachen Mitteln eine wärmetechnische Untersuchung auch komplizierterer Apparate, wie ein Glasschmelzofen, möglich ist, wird aus den unten folgenden Zeilen ersichtlich.

---

[1]) Feuerungstechnik, 5. Jg. (1916—1917), H. 13—15.

[2]) Dieser Aufsatz wurde im Jahre 1916 geschrieben; inzwischen ist in den Verhältnissen eine gewaltige Änderung eingetreten.

Ich habe versucht, die Rechnung nun so ausführlich, wie es der Umfang eines Zeitschriftenartikels erlaubt, zu gestalten, so daß der Betriebsleiter nur die auf Grund der Messungen gefundenen Werte in mein Rechnungsschema einzusetzen braucht, um nach erfolgter Ausrechnung ein Urteil über seine Anlage bilden zu können.

Mein Rechenbeispiel bezieht sich auf die Dauer einer Schmelzperiode, d. i. 24 Stunden. Die in der Berechnung aufgenommenen Zahlen sind durchschnittliche Betriebszahlen, entnommen den Literaturangaben.

B. Ermittlung der Generatorengasmenge.

Eine direkte Messung der Gasmengen[1]) kann durch eine rechnerische Ermittlung derselben ersetzt werden. Die rechnerische Ermittlung der Gasmengen gründet sich auf dem Daltonschen Gesetze, demzufolge gleiche Volumina aller Gase eine gleiche Anzahl Moleküle enthalten. Die Volumina der kohlenstoffhaltigen Gase (CH_4, CO, CO_2) enthalten also auch gleiche Mengen Kohlenstoff, da jedes ihrer Moleküle die gleiche Menge Kohlenstoff enthält. Ein Kubikmeter jedes dieser Gase enthält folglich 12 : 22,7 = 0,536 kg Kohlenstoff.

Die durchschnittliche Analyse des Generatorgases ergibt:

$$\left.\begin{aligned} CO_2 &= 3{,}0\% \\ CO &= 28{,}6\% \\ CH_4 &= 2{,}7\% \end{aligned}\right\} \text{ 34,3 Vol.-Proz. C-haltige Gase.}$$

$$\begin{aligned} H_2 &= 10{,}2\% \\ O_2 &= 0{,}1\% \\ N_2 &= 55{,}4\% \\ \hline &\ 100{,}0\%. \end{aligned}$$

In einem Kubikmeter des Generatorgases sind also enthalten:

$$\frac{34{,}3 \cdot 0{,}536}{100} = 0{,}1838 \text{ kg C},$$

vorausgesetzt, daß der gesamte Kohlenstoff im Gase aus der vergasten Kohle stammt (verhältnismäßig geringe Mengen CO_2 werden mit der Gebläseluft dem Generator zugeführt, was man in diesem Falle vernachlässigen darf).

---

[1]) Vgl. mein Werk: L. Litinsky, Messung großer Gasmengen. Leipzig 1922, Otto Spamer.

Der Kohlendurchsatz pro 24 Stunden = 10 240 kg. Feuchtigkeitsgehalt der Kohle = 1,5%. Daraus Trockenkohlendurchsatz in 24 Stunden $= \frac{10\,240\,(100 - 1{,}5)}{100} = 10\,078$ kg.

Der Kohlenstoffgehalt der angewandten Kohle beträgt durchschnittlich 65% (pro Kilogramm Trockenkohle berechnet).

Somit werden dem Generator in 24 Stunden $\frac{10\,078 \cdot 65}{100}$ = 6551 kg Kohlenstoff zugeführt.

Hiervon sind jedoch abzuziehen[1]):

1. Verlust durch den Flugstaub = 62 kg/24 St. 9= 0,5%.
2. Verlust durch unverbranntes in den Schlacken = 212 kg in 24 Stunden = 3,24%.

Es werden also in 24 Stunden 6551 — (62 + 212) = 6277 kg Kohlenstoff vergast. Diese Menge C muß sich im Gas wiederfinden. Da, wie oben festgestellt wurde, in 1 cbm Generatorgas 0,1838 kg C enthalten ist, so ist die Gesamtgasmenge = 6551 : 0,1838 = 35 640 cbm.

Diese Gasmenge setzt sich auf Grund der durchschnittlichen Gasanalyse aus folgenden Bestandteilen zusammen:

$$\frac{35\,640 \cdot 3{,}0}{100} = 1070 \text{ cbm} \cdot 1{,}9871 = 2126 \text{ kg } CO_2$$

$$\frac{35\,640 \cdot 28{,}6}{100} = 10\,193 \text{ cbm} \cdot 1{,}2555 = 12\,797 \text{ kg } CO$$

$$\frac{35\,640 \cdot 2{,}7}{100} = 962 \text{ cbm} \cdot 0{,}7178 = 691 \text{ kg } CH_4$$

$$\frac{35\,640 \cdot 10{,}2}{100} = 3635 \text{ cbm} \cdot 0{,}0899 = 327 \text{ kg } H_2$$

$$\frac{35\,640 \cdot 0{,}1}{100} = 36 \text{ cbm} \cdot 1{,}4304 = 51 \text{ kg } O_2$$

$$\frac{35\,640 \cdot 55{,}4}{100} = 19\,744 \text{ cbm} \cdot 1{,}2567 = 24\,812 \text{ kg } N_2$$

In Summa: 35 640 cbm gleich 40 804 kg.

Darunter sind also (35 640 — 1070) = 34 570 cbm permanente Gase und 1070 cbm CO_2.

Die Generatorgase führen gleichzeitig H_2O-Dampf mit; seine Menge wird wie folgt ermittelt.

---

[1]) Bildet sich Teer und wird derselbe abgeschieden, so ist seine Menge festzustellen sowie sein Gehalt an C. Diese Kohlenstoffmenge ist auch von dem gesamten Kohlenstoff abzuziehen.

C. Feuchtigkeitsgehalt des Generatorgases.

Der Feuchtigkeitsgehalt des Generatorgases stammt aus dem a) Wassergehalt des Brennstoffes; b) Unterdampf und c) Feuchtigkeitsgehalt der Vergasungsluft.

a) Wassergehalt des Brennstoffes $= \frac{10\,240 \cdot 1{,}5}{100} = 153{,}6$ kg.

b) Der Unterdampf beträgt 3072 kg H_2O in 24 Stdn.; das sind 3072 : 24 900 = 124 g H_2O pro Kubikmeter Vergasungsluft, was entsprechend den Versuchen von Körting und Wendt als normal angesehen werden kann.

Um nun die mit der Vergasungsluft mitgebrachte H_2O-Menge (als Feuchtigkeit) ermitteln zu können, muß man die Menge der Vergasungsluft selbst feststellen.

Die Menge des Stickstoffes im Generatorgas (19 744 cbm in 24 Stunden) setzt sich aus dem Stickstoff der angesaugten Luft und dem Stickstoff der Kohle zusammen.

In der Kohle waren 0,89% N_2; bei einem Kohlendurchsatz von 10 078 (trocken) kg/24 Stunden ist die Stickstoffmenge aus der Kohle gleich $\frac{10\,078 \cdot 0{,}89}{100} =$ rd. 90 kg oder 90 : 1,2567 = 72 cbm.

Der Rest 19 744 — 72 = 19 672 cbm N_2 stammt aus der Vergasungsluft. Daraus ist die Vergasungsluftmenge gleich $\frac{19\,672 \cdot 100}{72} = 24\,900$ cbm (bei 0° und 760 mm), was $\frac{24\,900}{10\,078} = 2{,}37$ cbm Luft pro Kilogramm Trockenkohle entspricht.

c) Die Menge des mit der Vergasungsluft mitgebrachten Wassers berechnet sich wie folgt:

Die Menge der Vergasungsluft = 24 900 cbm; t der Luft = 15° C; H_2O-Gehalt/cbm Luft bei 15° C = 12,7 g[1]) max. Sättigungsgrad der Luft = 56%.

In 1 cbm Luft sind also enthalten:

$$\frac{12{,}7 \cdot 56}{100} = 7{,}1 \text{ g } H_2O\,.$$

[1]) Wenn keine Tabelle vorhanden, aus welcher man den Gehalt der Luft an H_2O in Gramm-Kubikmetern entnehmen konnte so kann man denselben nach der Formel $f = 1{,}060 \cdot \frac{e}{1{,}0 + 0{,}00365\,t}$ ermitteln, wo e die Spannkraft des Wasserdampfes bei der entsprechenden Temperatur t bedeutet.

Mit der Vergasungsluft werden also $\frac{24\,900 \cdot 7{,}1}{1000}$ $= 176{,}8$ kg H_2O zugeführt.

Die gesamte dem Generator zugeführte Wassermenge ist also gleich: $153{,}6 + 3072 + 176{,}8 = \backsim 3403$ kg.

Ein Teil dieses Wasserdampfes wird im Generator durch den glühenden Kohlenstoff zersetzt; gewöhnlich sind es etwa 40—50% des eingeführten Wassers.

Mit Hilfe folgender Rechnung kann man feststellen, wieviel von der gesamten dem Generator zugeführten Wassermenge unzersetzt bleibt, oder mit anderen Worten, den Feuchtigkeitsgehalt des Generatorgases ermitteln.

Im Gas gefundener Wasserstoff = 10,2%.

1 cbm H_2 wiegt 0,0899 kg.

Also direkter $H_2 = \frac{35\,640 \cdot 10{,}2 \cdot 0{,}0899}{100} = 327$ kg.

Im Gas gefundenes Methan = 2,7%.

1 cbm CH_4 wiegt 0,7178 kg.

1 H_2 entspricht 4/16 CH_4.

Also indirekter $H_2 = \frac{35\,640 \cdot 2{,}7 \cdot 0{,}7178 \cdot 4}{100 \cdot 16} = 173$ kg.

Gesamter Wasserstoff im Gase 327 + 173 = 500 kg.

Durch den Wasserstoffgehalt der Kohle wurde eingesetzt:

$$\frac{10\,078 \cdot 3{,}73}{100} = 376 \text{ kg}.$$

Daher 500 — 376 = 124 kg H_2 stammen aus der Dissoziation des Wasserdampfes.

Es wurde also dissoziiert: $\frac{124 \cdot 18}{2} = 1116$ kg H_2O.

Folglich sind unzersetzt geblieben: 3403 (gesamte dem Generator zugeführte H_2O-Menge) — 1116 = 2287 kg oder in Prozent ausgedrückt $\frac{2287 \cdot 100}{3507} = \backsim 68\%$.

Diese 2287 kg H_2O $\left(= \frac{2287}{0{,}8045} = 2843 \text{ cbm}\right)$ sind als Feuchtigkeit im Generatorgas enthalten; das entspricht $\frac{2287 \cdot 1000}{35\,640} = 67$ g/cbm, was mit den praktischen Resultaten ziemlich übereinstimmt.

D. Wirkungsgrad des Generators.

Dem Generator werden in 24 Stunden an Wärme zugeführt:

a) Verbrennungswärme der Kohle:

Heizwert der Kohle = 5950 WE.

Brennstoffmenge in Kilogramm = 10 280 kg.

10 280 · 5950 = 61 166 000 WE.

b) Wärmeinhalt des Dampfes:

Dampfmenge = 3072 kg.

Spannung = 2,3 Atm. = 124° C.

Wärmeinhalt bei dieser Spannung = 644 WE/kg.

Wärmeinhalt des gesamten Wasserdampfes = 3072 · 644 = 1 978 730 WE.

Insgesamt werden dem Generator zugeführt:

$$61\,166\,000 + 1\,978\,730 = 63\,144\,730 \text{ WE.}$$

Im Generator werden erzeugt 35 640 cbm Generatorgas mit einem Gehalt an brennbaren Bestandteilen von:

$$CO = 28{,}6\%$$
$$CH_4 = 2{,}7\%$$
$$H_2 = 10{,}2\%$$

Daraus berechnet sich der Heizwert (vgl. Anlage 2 und 3 im Anhang auf S. 182—184) zu:

$$\begin{aligned} 0{,}286 \cdot 3008 &= 860{,}3 \text{ WE} \\ 0{,}027 \cdot 8600 &= 232{,}2 \text{ WE} \\ 0{,}102 \cdot 2600 &= 265{,}2 \text{ WE} \\ \hline & \quad 1358 \text{ WE.} \end{aligned}$$

Der Heizwert der gesamten erzeugten Gasmenge ist gleich:

$$35\,640 \cdot 1358 = 48\,399\,120 \text{ WE.}$$

Temperatur des aus dem Generator abziehenden Gases beträgt 520° C.

Dieser Temperatur entsprechende (vgl. Anlage 1 im Anhang auf S. 181) spezifische Wärme:

CO_2	0,468
H_2O-Dampf	0,380
Permanente Gase	0,322.

Der Wärmeinhalt des Generatorgases beträgt:

$$\begin{aligned} 1070 \cdot 0{,}468 \cdot 520 &= 206\,400 \text{ WE} \\ 2843 \cdot 0{,}380 \cdot 520 &= 561\,600 \text{ WE} \\ 34\,570 \cdot 0{,}322 \cdot 520 &= 5\,842\,100 \text{ WE} \\ \hline & \quad 6\,610\,100 \text{ WE.} \end{aligned}$$

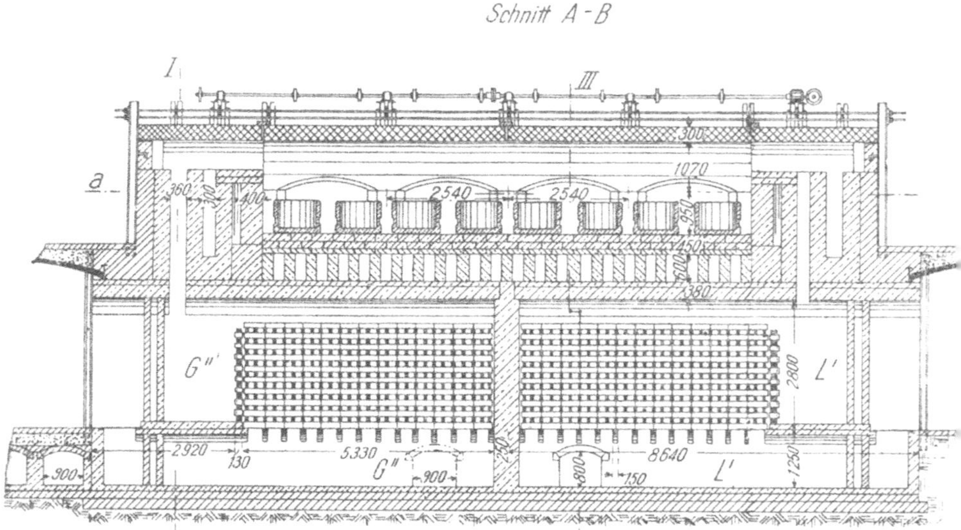

Abb. 5.

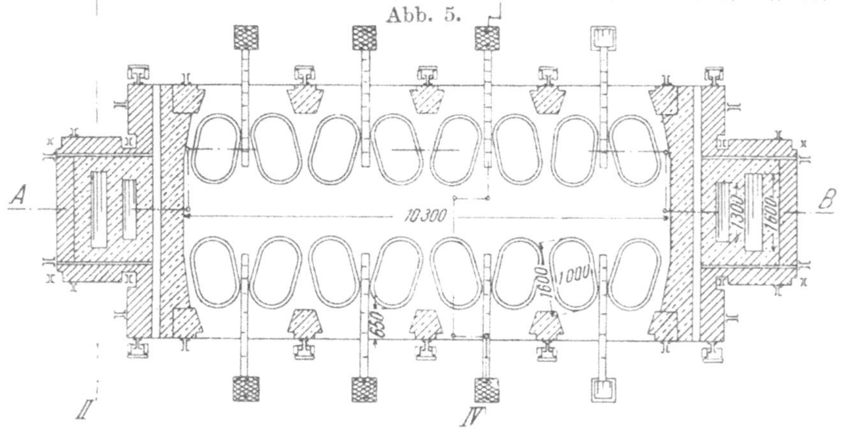

Abb. 6.

Schnitt a - t

Abb. 5—8. Ein 16-häfiger Spiegelglasschmelzofen.

Der gesamte Wärmewert des erzeugten Gases beträgt somit 48 399 120 (Heizwert) + 6 610 100 (Wärmeinhalt) = 55 009 220 WE.

Daraus ist der Wirkungsgrad des Generators:

$$\frac{55\,009\,220 \cdot 100}{63\,144\,780} = 87{,}3\%.$$

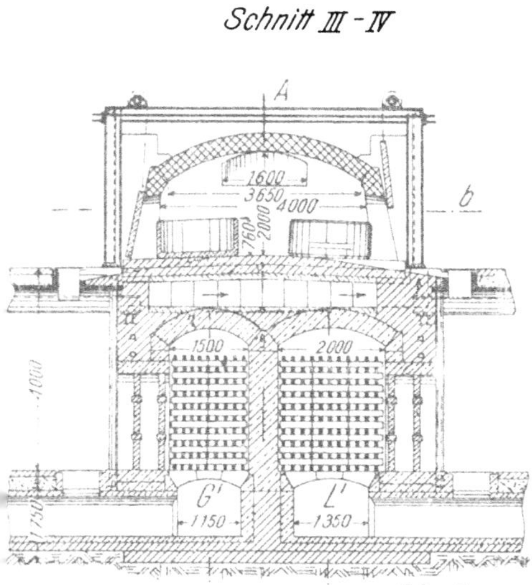

Abb. 7.

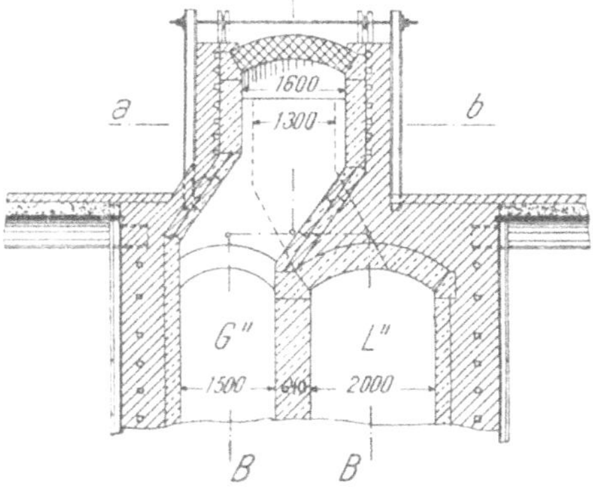

Abb. 8. Schnitt I - II

Auf dem Wege zu den Regeneratoren kühlen sich die Generatorgase auf 350 °C ab. Ihr Wärmeinhalt beträgt bei 350° (siehe Abschnitt II K Regenerationsverlust) 4 354 700 WE.

Somit verlieren die Gase auf dem Wege von dem Generator zu den Regeneratoren durch Abkühlung von 520 auf 350° C 6 610 100 — 4 354 700 = 2 255 400 WE, was einen weiteren Verlust von

$$\frac{2\,255\,400 \cdot 100}{63\,144\,780} = 3{,}6\%$$

darstellt.

E. Der Glasschmelzofen.

In den auf S. 46—47 wiedergegebenen Abb. 5—8 ist ein moderner Spiegelglasschmelzofen[1]) dargestellt. Aus Abb. 5 und 6 ist die Lage der Gas- und Luftkammern zu ersehen (G' und L' resp. G'' und L''). Abb. 5, 7 und 8 erklären die Anordnung der Brenner resp. Füchse. Der Flammenstrom, der sich im Brenner bildet, strömt einmal von der linken Stirnwand des Ofens der Länge nach durch den Ofen, nach einer halben bis einer ganzen Stunde wird gewechselt, d. h. die Gas- und Luftwechsel werden umgesteuert, und nun treten Gas und Luft durch die an der gegenüberliegenden Ofenseite befindlichen Gas- und Luftkammern, erhitzen sich an den hocherhitzten Gittersteinen, treten in den Brenner, und nun zieht der Flammenstrom, dem Zuge des Schornsteins folgend,

[1]) Dralle, Die Glasfabrikation, Bd. 1, Taf. 1.

von hier aus durch den Ofen. Die Abgase entweichen durch den gegenüberliegenden Brenner, durchziehen das andere Kammerpaar, erhitzen dessen Gittersteine, passieren die Gas- und Luftwechsel und gelangen dann von den Schornsteinschiebern aus durch den Schornsteinkanal in den Kamin.

Im Ofen befinden sich 16 Häfen, auf jeder Seite 8. Morgens gegen 8 Uhr wird in die Häfen das Gemenge eingelegt, gegen 11 Uhr nachts ist gewöhnlich die Schmelze beendet, dann wird bis gegen 3 Uhr kalt geschürt, darauf etwa 2 Stunden mäßiges Feuer gegeben und dann kann bei normalem Betrieb zwischen 6 und 8 Uhr morgens gegossen werden.

Die Häfen sind mit Einbuchtungen (oder mit wulstförmigen Ansätzen) versehen, welche der Hafenzange zum Halt dienen. In der neueren Zeit wendet man statt den Hafenzangen mit Handbetrieb automatische Umkippvorrichtungen an.

Von der Beschreibung der Wechsel- resp. Reversionsvorrichtungen kann man absehen, da dieselben für Glasschmelzöfen im allgemeinen ebenso konstruiert sind, wie auch für andere Regenerativöfen.

F. Das Glasgemenge.

Das Glasgemenge wird zusammengesetzt aus:

1150 kg Sand (SiO_2),
300 kg Kalkstein ($CaCO_3$),
200 kg Soda (Na_2CO_3),
180 kg Sulfat (Na_2SO_4),
10 kg Holzkohle (C).

Wenn die Rohmaterialien nur geringe Mengen von Verunreinigungen enthalten, so kann man sie bei der nebenstehenden Rechnung vernachlässigen, wodurch die Berechnung vereinfacht wird. (Enthalten die Rohstoffe bedeutende Mengen von Verunreinigungen, so würde sich als Vorbild die Rechenweise empfehlen, die bei Dralle, Glasfabrikation, B. 1, S. 230, angegeben ist.)

Beim Einlegen des Gemenges entsteht leicht Staub, welcher durch den Schornsteinzug mitgerissen wird. Ganz abgesehen von den Gemengeverlusten entsteht dadurch noch folgender Schaden. Der mitgerissene Staub lagert sich auf den Gittersteinen ab; die Steine erhalten dann eine Glasur, wodurch der Wärmeaustausch herabgesetzt wird, und außerdem bilden sich mehr oder weniger dicke Krusten, welche allmählich zusammensintern und, wenn sie nicht rechtzeitig entfernt werden, die Kanäle zwischen den Gittersteinen verstopfen. Wird das nicht verhindert, so geht die Erhitzung der Luft und des Gases bei stark vermindertem Schornsteinzug zurück, man kann keine Schmelzhitze erzielen, muß den Betrieb einstellen und die Kammern neu aussetzen.

Dieses Abstauben des Gemenges kann verhindert resp. verringert werden durch Anfeuchten desselben. Natürlich muß das Anfeuchtewasser verdampft werden, wozu ein bestimmtes Gasquantum geopfert werden muß.

Der gesamte Feuchtigkeitsgehalt des Gemenges (herrührend vom Anfeuchten und von dem H_2O-Gehalt der Rohstoffe) beträgt durchschnittlich 5%.

Rohstoffe		Glasbildner		Gase in kg		
Bezeichnung	Menge in kg	Bezeichnung	Menge in kg	CO_2	SO_2	H_2O
Sand . .	1 150	SiO_2	1150	—	—	
Kalkstein	300	CaO	300 · 0,56 = 168	300 · 0,44 = 132	—	5% im Gemenge $\frac{1840 \cdot 5}{100}$ = 92
Soda . .	200	Na_2O	200 · 0,585 = 117	200 · 0,465 = 83	—	
Sulfat . .	180	Na_2O	180 · 0,437 = 79	—	180 · 0,45 = 81	
Kohle . .	10	—	—	10 · 3,66 = 37	—	
Gemenge	1 840	Glas	1514	252	81	92

1840 kg Gemenge liefern also 1514 kg Glas und 333 kg Zersetzungsgase. Außerdem entweicht dabei 92 kg Wasserdampf.

Wir wollen jetzt die chemische Zusammensetzung des Glases kontrollieren. Durch Division der einzelnen Oxyde durch die entsprechenden Molekulargewichte wird die molekulare Zusammensetzung des entstandenen Glases folgendermaßen festgestellt:

1150 : 60,4 (Mol.-Gew. der SiO_2) = 19,07 kg-Mol. SiO_2
168 : 56 (Mol.-Gew. der CaO) = 3,00 kg-Mol. CaO
117 + 79 = 196 : 62 (Mol.-Gew. des Na_2O) = 3,16 kg-Mol. Na_2O oder alles auf CaO = 1 bezogen = 1,05 Na_2O + 1,0 CaO + 6,35 SiO_2.

Das Glas entspricht also ungefähr einem normalen Kalk-Natronglas vom Typus: 1 R_2O + 1 (RO + R_2O_3) + 6 SiO_2.

In bezug auf die Widerstandsfähigkeit des Glases ist der Silizierungsgrad von Wichtigkeit. Er wird ermittelt mit Hilfe der Tscheuschnerschen Formel, die lautet:

$$Z = 3\left(\frac{X^2}{Y} + Y\right).$$

Hier ist Z = Anzahl der Moleküle SiO_2, X = Anzahl der Moleküle Alkali, Y = Anzahl der Moleküle CaO.

Daraus ist $Z = 3\left(\frac{1{,}05^2}{1{,}0} + 1{,}0\right) = 6{,}3$; wir haben oben 6,35 Mol. SiO_2 festgestellt, was noch günstiger ist.

In 24 Stunden werden verarbeitet 13 800 kg Rohstoffe. Das sind:

$$\frac{13\,800 \cdot 1150}{1840} = 8625 \text{ kg Sand},$$

$$\frac{13\,800 \cdot 300}{1840} = 2250 \text{ kg Kalkstein},$$

$$\frac{13\,800 \cdot 200}{1840} = 1500 \text{ kg Soda},$$

$$\frac{13\,800 \cdot 180}{1840} = 1350 \text{ kg Sulfat und}$$

$$\frac{13\,800 \cdot 10}{1840} = 75 \text{ kg Holzkohle}.$$

Dem Gemenge wird noch ein bestimmter Prozentsatz Glasbrocken, von Bruchglas aller Art, wie es im Betriebe abfällt, beigemischt. Auf diese Weise wird nicht nur an Glasmaterial gespart, sondern es wird auch das Schmelzen erleichtert. Das fertige Glas enthält die Schmelzwärme und braucht im ganzen beträchtlich weniger Wärme wie das unverschmolzene Gemenge. Es kommt bei relativ niederen Temperaturen ins Fließen, erlaubt infolgedessen bei geringerer Hitze zu schmelzen und löst die alkalischen Bestandteile des Gemenges, die dann das Hafenmaterial weniger angreifen.

Es wird dem Gemenge an Glasscherben ca. 20 Gewichts-Prozente beigemischt. Das sind in 24 Stunden $\frac{13\,800 \cdot 20}{100} = 2760$ kg.

G. Wärmeaufwand für den Glasbildungsprozeß.

Der Wärmeaufwand für den eigentlichen Glasbildungsprozeß setzt sich aus folgenden Komponenten zusammen:

a) Erwärmung des Gemenges auf die Ofentemperatur.
b) Zersetzung der Karbonate und Sulfate des Gemenges.
c) Schmelzung des Gemenges.
d) Verdampfung des im Gemenge enthaltenen Wassers.
e) Die von den Zersetzungsgasen und von dem Wasserdampf mitgenommene (fühlbare) Wärme.

Dieser Wärmeaufwand wird jedoch teilweise kompensiert durch:

f) Bildungswärme der Silikate.
g) Die mit dem Gemenge eingebrachte Wärme.
h) Verbrennung der Holzkohle aus dem Gemenge.

ad a) Erwärmung des Gemenges auf die Ofentemperatur.

Ofentemperatur 1500° C.
Mittlere spez. Wärme des Sandes 0,19[1])
" " " des Kalksteines 0,21
" " " der Soda 0,28
" " " des Sulfats 0,23
Spez. Wärme (bei 1400° C) des Glases 0,40.

Der Wärmeverbrauch errechnet sich dann zu:

8625 · 0,19 · 1500[2])	=	2 458 000 WE
2250 · 0,21 · 1500	=	708 000 WE
1500 · 0,28 · 1500	=	630 000 WE
1350 · 0,23 · 1500	=	325 000 WE
2760 · 0,40 · 1500	=	1 656 000 WE
		5 777 000 WE in 24 Stunden.

[1]) Die spezifische Wärme ändert sich mit der Temperatur und nimmt im allgemeinen mit wachsender Temperatur zu. Es gelang mir aber nicht, in der Literatur für die in Betracht kommenden festen Stoffe (mit Ausnahme des Glases) die Werte der spezifischen Wärme bei hohen Temperaturen zu finden. Aus diesem Grunde mußte ich in den Berechnungen die Werte der mittleren spezifischen Wärme einsetzen.

[2]) Die Sulfate und Karbonate dissoziieren eigentlich bei einer viel niedrigeren Temperatur als 1500°. Bei ganz genauer Rechnung mußte man daher besondere Werte für die Spaltungsprodukte — Oxyde und Säuren — einsetzen. Da jedoch solche Rechnungsweise das Endresultat nur unbeträchtlich ändern wird. die Berechnung aber bedeutend komplizierter macht so vernachlässige ich das bei der Berechnung und begnüge mich bloß mit einem Hinweis auf diese Tatsache.

ad b) Zersetzung der Karbonate und der Sulfate.

Die zur Zersetzung der Karbonate und der Sulfate erforderliche Wärme ist die gleiche, die bei der Bildung der einzelnen Stoffe frei wird. Diese Wärmemenge ergibt sich für jede einzelne Verbindung auf Grund der thermochemischen Gleichungen (Chemiker-Kalender, Abschnitt Thermochemie) wie folgt:

$$CaCO_3 = CaO + CO_2$$
$$-270\,500 + 131\,000 + 97\,650;$$

also $$270\,500 - (131\,000 + 97\,650) = 41\,850 \text{ WE}$$

werden pro Molekül $CaCO_3$ benötigt. Molekulargewicht von $CaCO_3$ ist gleich 100, folglich pro Kilogramm Kalkstein sind 41 850 : 100 = 419 WE aufzuwenden.

$$Na_2CO_3 = Na_2O + CO_2;$$
$$-270\,800 + 100\,900 + 97\,650$$

berechnet wie oben, ergibt:

72 250 : 106 — 682 WE pro Kilogramm Soda.

$$Na_2SO_4 = Na_2O + SO_3{}^{1)};$$
$$-328\,100 = +100\,900 + 92\,000$$

zum Zersetzen von 1 kg Sulfat sind also 135 200 : 142 = 952 WE erforderlich.

Früher wurde festgestellt, daß in 24 Stunden 2250 kg Kalkstein, 1500 kg Soda, 1350 kg Sulfat durchgesetzt werden.

Demnach ist der Wärmeaufwand für die Zersetzung dieser Gemengebestandteile in Metalloxyde und Gase gleich:

$$\begin{aligned} 2250 \cdot 419 &= 942\,750 \text{ WE} \\ 1500 \cdot 682 &= 1\,023\,000 \text{ WE} \\ 1350 \cdot 952 &= 1\,285\,200 \text{ WE} \\ \hline & 3\,250\,950 \text{ WE in 24 Stunden.} \end{aligned}$$

ad c) Schmelzung des Gemenges.

13 800 kg Gemenge liefern $\frac{13\,800 \cdot 1514}{1840} = 11\,355$ kg Glasbildner. Die Schmelzwärme pro Kilogramm des Trisilikates (Glases) setze ich mit 83 WE ein. Das ist meines

[1]) In Wirklichkeit vollzieht sich die Zersetzung des Sulfats in einem Glasschmelzofen nicht so einfach wie es in der angegebenen Formel zum Ausdruck gebracht ist. Das Sulfat wird zu Sulfit reduziert ($2\,Na_2SO_4 + C = 2\,Na_2SO_3 + CO_2$), das Sulfit reagiert mit der SiO_2. Auch kann sich das Sulfit in Sulfat und Sulfid umlagern nach der Gleichung = $4\,Na_2SO_3 = 3\,Na_2SO_4 + Na_2S$. (Keppler, Chem. Ind. 1905.)

Erachtens der höchste Wert, der in Betracht kommen könnte. 83 WE ist die Schmelzwärme des Mikroklins (K_2O, Al_2O_3, 6 SiO_2) — eines dem Glase ähnlichen Silikates. Daraus errechnet sich die latente Schmelzwärme für das ganze Gemenge zu 11 255 × 0,83 = 942 465 WE in 24 Stunden.

ad d) Verdampfung des im Gemenge enthaltenen Wassers.

Wassergehalt im Gemenge = 5% = (13 800 · 5) : 100 = 690 kg.

T des Gemenges = 30°.

Die 690 kg werden auf 100° erhitzt und verdampfen dabei; der Wasserdampf verläßt den Ofen mit der Temperatur der Abgase, gibt jedoch, wie die letzteren, einen gewissen Teil der fühlbaren Wärme an die Regeneratoren ab und gelangt in den Schornstein mit 390° C.

Zur Verdampfung des Wassers verbrauchte (also verlorene) Wärmemenge berechnet sich zu:

$$Q = 606{,}5 + 0{,}305\, t = 606{,}5 + 0{,}305\,(390 - 30) = 716 \text{ WE}$$

pro Kilogramm oder 716 · 690 = 494 040 WE für die gesamte Wassermenge pro 24 Stunden.

ad e) Von den Zersetzungsgasen und von dem Wasserdampf (aus dem Gemenge) mitgenommene Wärme.

Wie an einer anderen Stelle ausgerechnet wird, beträgt der Wärmeinhalt der Zersetzungsgase aus dem Gemenge ($CO_2 + SO_2 + H_2O$-Dampf) insgesamt 381 615 WE in 24 Stunden. (Siehe Abschnitt II, I: Die Abgase.)

ad f) Bildungswärme der Silikate.

1. $$Na_2O + 2\,SiO_2 = Na_2SiO_3$$
$$-\,(100\,900 + 360\,000) = +\,506\,100$$

oder 506 100 — (100 900 + 360 000) = 45 200 WE pro Molekül Na_2O; das ergibt (bei einem Molekulargewicht von Na_2O = 62) 45 200 : 62 = + 729 WE pro Kilogramm Na_2O oder $\frac{720 \cdot 62}{106 \text{ (Mol.-Gew. d. } Na_2CO_3)} = 426$ WE pro Kilogramm Soda.

2. Auf dieselbe Weise berechnet sich die Bildungswärme pro Kilogramm Sulfat zu $\frac{729 \cdot 62}{142 \text{ (Mol.-Gew. d. } Na_2SO_4)} = 318$ WE.

3. $$CaO + 2\ SiO_2 = CaSiO_3$$
$$-(131\,000 + 360\,000) = +\ 508\,850$$

oder $+ 17\,850$ WE pro Molekül CaO; das entspricht $17\,850 : 56 = + 318$ WE pro Kilogramm CaO oder $(318 \cdot 56) : 100 = 179$ WE pro Kilogramm Kalkstein.

Die gesamte Silikat-Bildungswärme ist also:

Von $Na_2CO_3 = 1500 \cdot 426 = 639\,000$ WE
Von $Na_2SO_4 = 1350 \cdot 318 = 429\,300$ WE
Von $CaCo_3 = 2250 \cdot 179 = 402\,750$ WE
1 471 050 WE in 24 Stunden.

ad g) Mit dem Gemenge eingebrachte Wärme.

Temperatur des Gemenges = 30° C.
Durchsatz in 24 Stunden = 13 800 kg.
Dazu 5% Wasser = 690 kg.
Dazu Glasscherben 2760 kg.
Mittlere spezifische Wärme des Gemenges = 0,22.

Mit dem Gemenge eingebrachte Wärme ist dann gleich:

$(13\,800 + 2760) \cdot 0{,}22 \cdot 30 = 109\,290$ WE,
$690 \cdot 30$ . . . . = 20 700 WE
129 990 WE in 24 Stunden.

ad h) Verbrennung der Holzkohle.

Heizwert pro Kilogramm Holzkohle = 7500 WE.
Kohlenmenge pro 24 Stunden = 75 kg.
$75 \times 7500 = 562\,500$ WE in 24 Stunden.

Bilanz.

Wird benötigt:

a) Erwärmung des Gemenges auf die Ofentemperatur . .	5 777 500 WE
b) Zersetzung der Karbonate und Sulfate	3 250 950 „
c) Schmelzung des Gemenges	942 465 „
d) Verdampfung des im Gemenge enthaltenen Wassers .	494 040 „
e) Von den Zersetzungsgasen mitgenommene Wärmemenge	381 615 „
Sa.	10 846 570 WE

Wird geliefert:

f) Bildungswärme der Silikate	1 471 050 WE
g) Mit dem Gemenge eingebrachte Wärme	129 990 „
h) Verbrennung der Holzkohle	562 500 „
	2 163 540 WE
Verbraucht für die Glasbildung	8 683 030 WE
Sa.	10 846 570 WE

Für den eigentlichen Glasbildungsprozeß sind also verbraucht 8 683 030 WE $= \frac{8\,683\,030 \cdot 100}{62\,144\,130} = 13{,}7\%$ der gesamten eingeführten Wärme.

Es sind erhalten worden:

a) aus dem Gemenge	11 355 kg Glas
b) aus den Glasscherben . . .	2 760 kg Glas
	Sa. 14 115 kg Glas.

Darnach wäre der Wärmeverbrauch zur Bildung von 1 kg Glas = 8 683 030 : 14 115 = 615 WE

Es ist jedoch zu berücksichtigen, daß im praktischen Betriebe die zu erwartende Glasmenge immer kleiner ausfallen wird. Das wird bewirkt durch Staubverluste, durch verdampfende Alkalien aus dem Gemenge und durch den Abfall (Kappen, Näbel, Abnehmeglas, Ansatzglas, Übermaßglas, Restglas in Hafen usw.). Übrigens repräsentiert das Abfallglas nur einen Wärmeverlust, keineswegs einen bedeutenden Materialverlust, weil es zum größten Teil mit dem Gemenge vermischt und wiederum verschmolzen wird. Darum braucht dieser Verlust in der Rechnung nur einmal in Abzug gebracht zu werden Allein der Wärmeverlust im Abfallglas ist bedeutend, wenn man bedenkt, daß der Abfall und das Restglas in den Häfen bis zu 50% des Gemenges steigen kann.

H. Wärmeverlust durch die Häfen.

Das Gewicht der Häfen kann entweder direkt durch Wägen oder indirekt aus den Abmessungen ermittelt werden. Im letzteren Falle muß man das genaue spezifische Gewicht des Hafenmaterials kennen.

Ein Hafen wiegt 900 kg.

Anzahl der Hafen = 16.

Ofentemperatur = 1500° C.

Temperatur der Häfen nach dem Ausgießen des Glases und abermaligem Einsetzen in den Ofen = 700° C.

Die mittlere spezifische Wärme des Hafenmaterials = 0,23.

Alsdann beträgt der Wärmeverlust $900 \cdot 0{,}23 \cdot (1500 - 700) \cdot 16 = 2\,649\,600$ WE.

Was die spezifische Wärme der festen Stoffe bei hohen Temperaturen anbetrifft, so sei mir an dieser Stelle die folgende kurze theoretische Abschweifung erlaubt.

Die spezifische Wärme aller festen Stoffe nimmt mit steigender Temperatur zu, obgleich nicht in dem Maße, wie bei den gasförmigen Stoffen. Besonders bei leichten nicht metallischen Elementen resp. Körpern (so besonders bei Kohlenstoff, bei seiner kritsallinischen Modifikation, Diamanten usw.) zeigt sich die stärkste Abhängigkeit der spezifischen Wärme von der Temperatur.

Bezeichnen wir durch C_w die wahre spezifische Wärme, mit α die spezifische Wärme bei normaler Temperatur, mit t die in Frage kommende Temperatur und mit β einen Koeffizienten von verschiedenem Wert für einzelne Stoffe, so ist

$$C_w = \alpha + \beta t .$$

Während z. B. bei Quarzglas dieser Koeffizient β außerordentlich groß ist, so ist er bei anderen Stoffen bedeutend geringer. So z. B.:

Für Quarzglas	0,000394
Für Nickel	0,0000946
Für Silber	0,00002141.

Daraus ist ersichtlich, daß die spezifische Wärme der beiden letzten Körper bei hohen Temperaturen lange nicht in dem Maße veränderlich ist, wie diejenige des Quarzglases.

Nun sind in der Literatur solche Koeffizienten leider nur für wenige Elemente oder Verbindungen zu finden. Andererseits gelten solche Koeffizienten in den meisten Fällen nur für einen ganz bestimmten Temperaturbereich. So z. B. die oben erwähnten Koeffizienten für Quarzglas, Nickel und Silber kommen nur für Temperaturen bis zu 300° C in Betracht. Diese Temperaturen darf man keineswegs mit den im Glasofen herrschenden in Vergleich ziehen.

Einstein[1]) hat eine Theorie der spezifischen Wärme aufgestellt, welche die Theorie der Wärmebewegung in festen Körpern mit der Planckschen Strahlungstheorie verknüpft. Nach seiner, von Nernst und Lindemann etwas veränderten Formel ist es möglich, die spezifische Wärme eines festen Stoffes für alle Temperaturen bis in die Nähe seines Schmelzpunktes zu berechnen, wenn die Schwingungszahlen dieser Stoffe bekannt sind. Letztere können entweder auf optischem Wege nach Rubens oder mittels der Lindemannschen Formel (aus Schmelzpunkt, Atomgewicht und Atomwärme) berechnet werden.

---

[1]) Ann. d. Physik 22, 189. 1908.

Auch zwischen dem Ausdehnungskoeffizienten der festen Stoffe und ihrer spezifischen Wärme scheint ein deutlicher Parallelismus zu bestehen.

So ist nach Grüneisen (Annalen der Physik [4], 26, 211 bis 216) der Quotient aus dem Ausdehnungskoeffizienten und der spezifischen Wärme von der Temperatur nahezu unabhängig, und die Veränderlichkeit des Ausdehnungskoeffiziente und der spezifischen Wärme muß auf die gleichen Ursachen zurückgeführt werden.

Ferner ist nach B. Joubin das Produkt aus spezifischer Wärme mal dem spezifischen Gewichte eines Körpers proportional dem Produkte aus Elastizitätsmodul und linearen Ausdehnungskoeffizienten.

Nach Weibe besteht zwischen der Wärmemenge, die nötig ist, um einen Körper zum Schmelzen zu bringen, und seinem kubischen Ausdehnungskoeffizienten eine umgekehrte Proportionalität. Es ist aber zu berücksichtigen, daß der Ausdehnungskoeffizient, sofern er sich überhaupt mit der Temperatur ändert, stets mit wachsender Temperatur zunimmt, und zwar um Beträge (wenn auch kleine), die bei den einzelnen Stoffen verschieden sind. Außerdem wächst der Ausdehnungskoeffizient nach M. Thiessen (Ber. d. Deutsch. Phys. Ges. *6*, 947 bis 952) mit der Temperatur rascher als die spezifische Wärme.

Man sieht, mit welchen Schwierigkeiten die Berechnung resp. Ermittlung der spezifischen Wärme bei hohen Temperaturen verknüpft ist. Sogar in einem so soliden Werk, wie die Chemisch-Physikalischen Tabellen von Landolt - Börnstein, sind nur Werte für mittlere spezifische Wärme angegeben.

Mangels der Literaturangaben blieb mir nichts anderes übrig, sofern es sich um feste Stoffe handelt[1]), als den oben angegebenen Wert für spezifsiche Wärme einzusetzen.

Der oben ermittelte Verlust beträgt prozentual:

$$\frac{2\,469\,600 \cdot 100}{63\,144\,730} = 4{,}2\%\,.$$

Durch Einsetzen der den hohen Temperaturen entsprechenden Werte der spezifischen Wärme könnte dieser Verlust höchstens zu 5 bis 5,5% ausgerechnet werden.

---

[1]) Für Gase sind die spezifischen Wärmen bei hohen Temperaturen bekannt.

I. Die Abgase.

Die zum Verbrennen von 100 cbm Generatorgas theoretisch notwendige Luftmenge errechnet sich wie folgt:

Zusammensetzung des Gases in Vol.-%		Sauerstoffbedarf		Verbrennungsprodukte	
		für 1 Vol. Vol.	zusammen Vol.	Vol. H_2O	Vol. CO_2
CO_2	3,0%	—	—	—	3,0
CO	28,6%	0,5	14,3	—	28,6
CH_4	2,7%	2,0	5,4	5,4	2,7
H_2	10,2%	0,5	5,1	10,2	—
O_2	0,1%	—	—	—	—
N_2	55,4%	—	—	—	—
Zusammen:	100,0%	—	24,8	15,6	34,3

Der Sauerstoffbedarf pro 100 cbm Generatorgas beträgt 24,8 cbm; im Gase selbst sind 0,1 cbm Sauerstoff enthalten. Es wäre also bei theoretischer Verbrennung 24,8 — 0,1 = 24,7 cbm Sauerstoff zuzuführen.

Mit dem Sauerstoff gelangen auch $\frac{24{,}7 \cdot 79}{21} = 92{,}9$ cbm Stickstoff in die Verbrennungsluft.

Die Zusammensetzung der aus 100 cbm Generatorgas entstandenen Verbrennungsprodukte wäre bei theoretischem Luftquantum folgende:

CO_2		34,3 =	17,3%
H_2O		15,6 =	82,7%
N_2 aus der Verbrennungsluft . . .	92,9	148,3 =	
N_2 aus dem Generatorgas	55,4		
		198,2 =	100,0%

oder auf trockenes Rauchgas berechnet:

CO_2	34,3 =	18,8%
N_2	148,3 =	81,2%.

Die durchschnittliche Analyse der Rauchgase ergibt:

$$CO_2 = 17{,}51\%^{1)} \text{ und } O_2 = 4{,}33\%.$$

---

[1]) Entsprechend dem Sauerstoffgehalt der Rauchgase wäre im Vergleich mit der oben angegebenen theoretischen Zusammensetzung der Rauchgase weniger Kohlensäure zu erwarten (bei gewöhnlichen Feuerungen). In diesem Falle jedoch ist die Kohlensäure der Rauchgase zusammengesetzt aus der Verbrennungskohlensäure und der Dissoziationskohlensäure der Gemengebestandteile.

Daraus berechnet sich der Luftüberschuß zu:

$$\frac{21}{21 - 4{,}33} = \frac{21}{16{,}67} = 1{,}26 \text{ oder } 26\,\%.$$

Der Sauerstoffbedarf betrug 24,7 cbm (alles auf 100 cbm Generatorgas berechnet). Der überschüssige Sauerstoff ist dann gleich:

$$\frac{24{,}7 \cdot 26{,}0}{100} = 6{,}42 \text{ cbm}.$$

Der überschüssige Stickstoff beträgt $\frac{6{,}42 \cdot 79}{21} = 24{,}2$ cbm, so daß die wirkliche Zusammensetzung der Verbrennungsprodukte von 100 cbm Generatorgas sich folgendermaßen gestaltet:

CO_2	. . . .		34,3 cbm
H_2O	. . . .		15,6 cbm
N_2	aus dem Generatorgas	55,4	172,5 cbm
	aus der theoret. Verbrennungsluft .	92,9	
	aus der überschüss. Verbrennungsluft	24,2	
O_2	(aus dem Luftüberschuß)		6,4 cbm
			228,8 cbm.

Die Verbrennungsprodukte von 35 640 (in 24 Stunden) Kubikmeter Generatorgas sind entsprechend gleich:

CO_2	0,343 · 35 640 =	12 225 cbm	
H_2O	0,156 · 35 640 =	5560 ,,	
N_2	1,725 · 35 640 =	61 479 ,,	63 760 cbm perman. Gas
O_2	0,064 · 35 640 =	2281 ,,	
		81 545 cbm	

Die vom Schornstein abzuführende Abgasemenge ist jedoch größer, und zwar erhöht sie sich durch die

a) Zersetzungsgase aus dem Gemenge und

b) Feuchtigkeitsgehalt der Abgase.

Bei Verarbeitung von 13 840 kg Rohstoffe in 24 Stunden entweichen aus dem Gemenge $\frac{252 \cdot 13\,840}{1840} = 1900$ kg oder 1900 : 1,9871 = rd. 960 cbm Kohlensäure und $\frac{81 \cdot 13\,840}{1840}$ = 609 kg oder 609 : 2,26 = rd. 265 cbm SO_2.

Die früher angegebene Wasserdampfmenge in den Verbrennungsprodukten (5560 cbm) rührt von der Verbrennung des Wasserstoffs und des Methans des Gases her. Es kommt noch hinzu:

a) der Wasserdampfgehalt des Generatorgases. Derselbe wurde oben zu 2287 kg (67 g pro Kubikmeter) errechnet.

b) Der Wasserdampfgehalt der Verbrennungsluft. Die Menge der Verbrennungsluft setzt sich zusammen aus:

$\left.\begin{matrix} 24{,}7 \text{ cbm } O_2 \\ 92{,}9 \;\;,, \;\; N_2 \end{matrix}\right\} + 26\%$ Überschuß pro 100 cbm Generatorgas.

Das sind $\frac{117{,}6 \cdot 26}{100} + 117{,}6 = 148{,}2$ cbm oder auf 35 640 cbm Generatorgas umgerechnet gleich $\frac{148{,}2}{100} \cdot 35\,640 = 52\,820$ cbm

Sie bringen $\frac{52\,820 \cdot 7{,}1}{1000} = 375$ kg Wasser mit.

c) Das Wasser aus dem Gemenge.

$$\frac{13\,800 \cdot 92}{1840} = 690 \text{ kg}.$$

Gesamtwasser beträgt $2287 + 375 + 690 = 3352$ kg oder $\frac{3352}{0{,}8045} = 4000$ cbm H_2O.

Durch den Schornstein werden also folgende Gase abgeleitet:

CO_2 aus der Verbrennung	12 225 cbm	
CO_2 aus dem Gemenge	960 ,,	13 185 cbm
$O_2 + N_2$		63 760 ,,
H_2O aus der Verbrennung	5560 ,,	
H_2O aus dem Gas, Luft u. Gemenge	3425 ,,	8985 ,,
SO_2 aus dem Gemenge		265 ,,
	insgesamt:	86 195 cbm

oder CO_2	13 185 cbm
H_2O-Dampf	8985 ,,
Permanente Gase	64 025 ,,
	86 195 cbm

Die Gase gelangen in den Schornstein mit einer Temperatur von 390° C.

Die mittlere spezifische Wärme der Abgase bei dieser Temperatur ist gleich (Vgl. Anlage 1 im Anhang auf S. 180):

Für Kohlensäure	0,456
Für Wasserdampf	0,378
Für permanente Gase	0,320

Darnach ist die Wärmekapazität der Abgase gleich:

$$\begin{aligned} 13\,185 \times 0{,}456 &= 6012 \text{ WE} \\ 8985 \times 0{,}378 &= 3396 \text{ ,,} \\ 64\,025 \times 0{,}320 &= 20\,488 \text{ ,,} \\ \hline & 29\,896 \text{ WE.} \end{aligned}$$

und mit den Abgasen geht an fühlbarer Wärme 29 896 · 390 = 11 659 440 WE durch den Schornstein verloren.

Von den Zersetzungsgasen, sowie von dem Wasserdampf des Gemenges werden mitgenommen:

$$\left.\begin{aligned} 960\ (CO_2) \cdot 0{,}456 \cdot 390 \\ 265\ (SO_2) \cdot 0{,}456 \cdot 390 \\ 690 : 0{,}8045 = 857\ (H_2O) \cdot 0{,}378 \cdot 390 \end{aligned}\right\} = 343\,980 \text{ WE,}$$

so daß der Wärmeverlust mit den Verbrennungsprodukten eigentlich 11 659 440 — 343 980 = 11 315 460 WE beträgt oder $\frac{11\,315\,460 \cdot 100}{63\,144\,130} = 18\%$ der gesamten angeführten Wärme.

K. Der Regenerationsverlust.

Die den Schmelzraum verlassenden Abgase gelangen in die Regeneratoren mit einer Temperatur von 1190° C.

Die in 24 Stunden entwickelte Abgasemenge ist gleich:

CO_2	13 185 cbm
H_2O-Dampf	8 985 ,,
Permanente Gase	64 025 ,,
Sa.:	86 195 cbm.

Die mittlere spezifische Wärme der einzelnen Bestandteile der Abgase beträgt bei 1190° C für:

CO_2	0,521
HO_2-Dampf	0,407
Permanente Gase	0,336

Demnach ist die in den Abgasen enthaltene fühlbare Wärmemenge gleich:

$$\begin{aligned} 13\,185 \cdot 0{,}521 \cdot 1190 &= 8\,175\,300 \text{ WE} \\ 8\,985 \cdot 0{,}407 \cdot 1190 &= 4\,351\,830 \text{ ,,} \\ 64\,025 = 0{,}336 \cdot 1190 &= 25\,599\,280 \text{ ,,} \\ \hline & 38\,126\,410 \text{ WE.} \end{aligned}$$

Beim Austritt aus dem Regenerator haben die Abgase eine Temperatur von 390°. Der Wärmeinhalt der Abgase bei dieser Temperatur wurde bereits an einer anderen Stelle ausgerechnet und beträgt derselbe 11 315 460 WE.

Von den Regeneratoren werden also im Laufe einer Schmelzperiode (24 Stunden) 38 126 410 — 11 315 460 = 26 810 950 WE aufgespeichert.

Die aufgespeicherten Wärmemengen dienen zum Erhitzen:

I. des Generatorgases und

II. der Verbrennungsluft (sekundäre Luft).

1. Die Temperatur des Generatorgases beim Eintritt in die Regeneratoren beträgt 350°; in den Regeneratoren wird das Generatorgas bis 1100° C erhitzt.

Die in 24 Stunden erzeugte Generatorgasmenge setzt sich folgendermaßen zusammen:

1 070	cbm	CO_2	= 1070 cbm CO_2
10 193	,,	CO	= 34 570 cbm permanente Gase.
962	,,	CH_4	
3 635	,,	H_2	
36	,,	O_2	
19 744	,,	N_2	

Außerdem führen die Generatorgase noch 2843 cbm Wasserdampf (als Feuchtigkeit) mit.

Die spezifische Wärme beträgt:

	bei 350°	bei 1100°
Für CO_2	0,447	0,517
Für permanente Gase . . .	0,319	0,334
Für Wasserdampf	0,377	0,402

Darnach ist die fühlbare Wärme des Generatorgases bei 350° C gleich:

$$\begin{aligned} 1\,070 \cdot 0{,}447 \cdot 350 &= 167\,300 \text{ WE} \\ 34\,570 \cdot 0{,}319 \cdot 350 &= 3\,859\,800 \text{ ,,} \\ 2\,483 \cdot 0{,}377 \cdot 350 &= 327\,600 \text{ ,,} \\ \hline & 4\,354\,700 \text{ WE} \end{aligned}$$

und bei 1100° C:

$$\begin{aligned} 1\,070 \cdot 0{,}517 \cdot 1100 &= 608\,300 \text{ WE} \\ 34\,570 \cdot 0{,}334 \cdot 1100 &= 12\,700\,600 \text{ ,,} \\ 2\,841 \cdot 0{,}402 \cdot 1100 &= 1\,257\,300 \text{ ,,} \\ \hline & 14\,566\,200 \text{ WE}. \end{aligned}$$

Somit werden von den Regeneratoren an das vorgewärmte Generatorgas abgegeben:

$$14\,566\,200 - 4\,354\,700 = 10\,211\,500 \text{ WE}.$$

2. Die Menge der Verbrennungsluft pro 24 Stunden errechnet sich wie folgt:

1 cbm des Generatorgases benötigt theoretisch $\frac{24{,}7 \cdot 100}{21}$ $= 1{,}176$ cbm Verbrennungsluft.

Der Luftüberschuß wurde zu 26% bestimmt.

Somit wird pro Kubikmeter Generatorgas $\frac{1{,}176 \cdot 126}{100}$ $= 1{,}482$ cbm Luft benötigt oder in 24 Stunden $35\,640 \cdot 1{,}482$ $= 52\,820$ cbm Verbrennungsluft.

Die Luft bringt $\frac{52\,820 \cdot 7{,}1}{1000} = 375 \text{ kg} = \frac{375}{0{,}8045} = 466$ cbm Wasserdampf mit.

In 24 Stunden passieren die Regeneratoren: 52 820 cbm Luft und 466 cbm Wasserdampf. Eintrittstemperatur = 15° Austrittstemperatur = 1000°.

Die spezifische Wärme:	bei 15°	bei 1000°
der Luft	0,310	0,332
des Wasserdampfes	0,372	0,398

Wärmeinhalt der Luft (inkl. Wasserdampf) bei 15° C:

$$52\,820 \cdot 0{,}31 \cdot 15 = 245\,610 \text{ WE}$$
$$466 \cdot 0{,}372 \cdot 15 = 2\,620 \text{ ,,}$$
$$248\,230 \text{ WE}.$$

Wärmeinhalt der Luft (inkl. Wasserdampf) bei 1000° C:

$$52\,820 \cdot 0{,}332 \cdot 1000 = 17\,536\,240 \text{ WE}$$
$$466 \cdot 0{,}398 \cdot 1000 = 185\,470 \text{ ,,}$$
$$17\,721\,710 \text{ WE}.$$

An die Sekundärluft wird von dem Gitterwerk der Regeneratoren abgegeben:

$$17\,721\,710 - 248\,230 = 17\,473\,480 \text{ WE}.$$

Wärmebilanz der Regeneratoren.

Eingeführt:

Fühlbare Wärme der Abgase	26 810 950 WE

Ausgenutzt:

I. Erhitzung des Generatorgases	10 211 500 WE
II. Erhitzung der Verbrennungsluft	17 473 480 ,, .

Es läßt sich hiermit der Regenerationsverlust, trotzdem derselbe selbstverständlich vorhanden ist, rechnerisch nicht ermitteln, da die Temperaturen des Gases und der Luft nach dem Austritt aus den Regeneratoren nicht allein durch die hier aufgespeicherten Wärmemengen, sondern z. T. auch durch strahlende Hitze des Ofens selbst beeinflußt werden. Der Regenerationsverlust figuriert deshalb in den Posten „Leistungs- und Strahlungsverluste".

L. Leitungs-, Strahlungs- und sonstige Verluste.

Wären wir imstande, den Wärmeverlust durch Leitung und Strahlung genauer auf Grund der Messungen zu ermitteln, so könnten wir auch die unter dieselbe Rubrik fallenden „sonstigen" Verluste präziser ausdrücken. Noch mehr, man könnte auf diese Weise die ganze Berechnung kontrollieren und eventuelle rechnerische resp. logische Fehler entdecken und beseitigen.

Die direkte Ermittlung der Strahlungs- und Leitungsverluste in industriellen Öfen ist jedoch mit großen Schwierigkeiten verbunden; speziell bei einem Glasschmelzofen gestaltet sich eine solche direkte Ermittlung besonders schwierig, schon wegen der vielen Arbeitsöffnungen, wodurch die Temperatur und folglich auch die Mengen der strahlenden Wärmeenergien an verschiedenen Stellen des Ofens verschieden sind. Andererseits ist man oft gezwungen, bei solchen rechnerischen Ermittlungen der Strahlungs- und Leitungsverluste zu manchen Annahmen zu greifen, worunter der Genauigkeitsgrad solcher Berechnungen naturgemäß sehr viel leiden kann. Es kommt dazu, daß genaue Wärmeleitungskoeffizienten für feuerfeste Stoffe zurzeit fehlen, trotzdem sich in den letzten Jahren Männer der Wissenschaft und der Industrie dem Studium dieser Frage gewidmet haben. Mit der Ermittlung des Wärmeleitungskoeffizienten feuerfester Stoffe haben sich in der allerneuesten Zeit Wologdin[1]), Goerens[2]) und Heyn[3]) befaßt, welche jedoch zu wenig übereinstimmenden Resultaten kamen.

---

[1]) Wologdin, K woprossu ob ismerenii poter w petschach. Bericht auf dem I. Kongreß für Bergbau und Metallurgie in Ekaterinoslaw 1910; auch Fischers Jahresberichte 1908—1910.

[2]) Goerens, Über die Wärmeleitfähigkeit feuerfester Steine. Protokolle des Ver. deutsch. Fabr. ff. Produkte 1914, S. 92.

[3]) Heyn, Wärmeleitfähigkeit feuerfester Steine. Mitteil. d. Königl. Materialprüfungsamtes, Heft 3—4; Stahl und Eisen 1914, Nr. 20, S. 832.

Wie wichtig jedoch die Kenntnis des genauen Wertes solcher Wärmeleitungskoeffizienten ist, will ich im folgenden kurz an einem Beispiel zeigen.

Unter einem Wärmeleitungskoeffizienten k versteht man diejenige Zahl, die angibt, welche Wärmemenge in Kalorien sekundlich pro Quadratzentimeter durch eine Platte von 1 cm Dicke hindurchgeht, deren Außenflächen einen Temperaturunterschied von 1° aufweisen. Da k bei feuerfestem Material sehr klein ist, so ergibt sich ein für die Praxis geeigneter Wert, wenn man W die abgegebene Wärmemenge, in Kilogramm/Kalorien (WE) pro Stunde, F die Ofenfläche, in Quadratmeter und D die Wanddicke in Metern mißt.

Die Wärmeleitungszahl K ist dann diejenige Zahl, die angibt, welche Wärmemenge (in WE) stündlich pro Quadratmeter durch eine Platte von 1 m Dicke hindurchgeht, deren Außenflächen einen Temperaturunterschied von 1° aufweisen. Aus dieser Definition ergibt sich folgende Beziehung:

$$K = k \cdot 360 .$$

Die Wärmemenge, welche von den Wandungen eines Ofens in der Zeiteinheit an die Umgebung abgegeben wird, ist abhängig von den Abmessungen der Wand, dem Temperaturunterschied zwischen der inneren und äußeren Fläche, sowie dem Wärmeleitungskoeffizienten des Materials. Sie wird gegeben durch die Gleichung

$$W = K \cdot \frac{F \cdot (T_2 - T_1)}{D} .$$

Für die gleichen Arten des feuerfesten Materials geben Wologdin und Goerens entsprechend 1,32 und 1,10 als Wärmeleitungszahlen bei 1000° C an.

Angenommen, daß F (Fläche) = 1 qm = 10 000 qcm, $T_2 - T_1$ = 300° C und D (Wanddicke) = 5 cm, so ist die Wärmemenge W bei Benutzung des Wologdinschen Wertes gleich:

$$\frac{1{,}32 \cdot 10\,000 \cdot 300}{5} = 792 \text{ kg-Kal./St.}$$

und bei Goerensschen

$$\frac{1{,}10 \cdot 10\,000 \cdot 300}{5} = 660 \text{ kg-Kal./St.}$$

Es ergibt sich eine Differenz von 20%. Die Werte von Heyn sind noch niedriger.

Schon im Jahre 1885 versuchte Westmann[1]) die Strahlungsverluste eines Glasschmelzofens rechnerisch zu ermitteln. Für die niedrigen Temperaturen (bis 200°) hat er die Stephansche Formel angewandt, welche lautet: $W = a\ (T_1^4 - T^4)$, und für die hohen Temperaturen an den Arbeitsöffnungen (etwa 1200° C) die Formel von Sir William Siemens $T = -63\ (\log X)^2 + 1177 \log X - 1603$, wonach sich berechnen läßt, daß eine Fläche bei 1200° C 24mal soviel Wärme ausstrahlt, als bei 190°. Der auf diese Weise errechnete Strahlungsverlust übertrifft den aus der Differenz ermittelten um ca. 4%. Die Richtigkeit solcher Rechenweise ist jedoch trotzdem sehr zu bezweifeln.

In der neueren Zeit hat auch ein Amerikaner F. Gelstharp[2]) eine Berechnung der Strahlungsverluste am Glasofen durchgeführt, die ziemlich übereinstimmende Resultate mit dem aus der Differenz ermittelten Strahlungsverlust aufwies; die Berechnung basierte jedoch auf vielen Annahmen.

Auch werden zuweilen die Strahlungsverluste kalorimetrisch oder auf sonstigem experimentellen Wege direkt bestimmt[3]).

Ich gebe die Strahlungs- und Leitungsverluste als Restbetrag an.

Auf Grund der früher durchgeführten Berechnungen läßt sich eine folgende Wärmebilanz aufstellen (pro 24 Stunden).

Einnahmen:

1.	Verbrennungswärme der Kohle	61 166 000	WE	=	96,9%
2.	Wärmeinhalt des Dampfes	1 978 730	„	=	3,1 „
	Sa.	63 144 730	WE	=	100,0%.

Ausgaben:

1.	Verlust im Generator	8 135 510	WE	=	12,7%
2.	Abkühlung des Generatorgases	2 255 400	„	=	3,6 „
3.	Glasbildung	8 683 080	„	=	13,7 „
4.	Abgase (Schornsteinverlust)	11 315 460	„	=	18,0 „
5.	Regenerationsverlust läßt sich in diesem Falle nicht bestimmen, beträgt jedoch nach anderen von mir vorgenommenen diesbezüglichen Berechnungen ca. 6%. Es wäre hiernach zu setzen mit (Kann aber auch in dem Posten 7 figurieren).	3 800 000	„	=	6,0 „
6.	Häfen	2 469 600	„	=	4,2 „
7.	Leitungs-, Strahlungs- und sonstige Verluste	36 659 050	„	=	41,8 „
	Sa.	63 144 730	WE	=	100,0%.

[1]) Dralle, Glasfabrikation, Bd. 1. S. 500.

[2]) Transact. of the amer. Ceram. Society, XII (1910), S. 620.

[3]) Otto, Theoretische und praktische Ermittlung von Koksofenwärmebilanzen. Dissertation Breslau 1914.

Die Verteilung der eingeführten Wärmeenergie auf einzelne Posten ist unten in Abb. 9 graphisch dargestellt.

Zu den „sonstigen“ Verlusten gehören noch die Verluste durch Undichtigkeiten (z. B. in den Fugen), Verluste durch Gaswechsel, durch unverbrannte Gase usw. Die rechnerische Ermittlung will ich mir ersparen, um so mehr, als durch diese Verluste verhältnismäßig nur sehr unbeträchtliche Wärmemengen mitgenommen werden.

Der Verlust durch unverbranntes Gas kommt übrigens in unserem Falle gar nicht in Betracht, weil die Analyse der Rauchgase kein Vorhandensein von CO aufwies.

Ich bin am Ende meiner Berechnungen, die ich so einfach als möglich zu gestalten versuchte. Um eine bessere Übersicht zu ermöglichen, füge ich noch eine schematische Darstellung der Wärmebilanz eines Glasschmelzofens bei (Abb. 10).

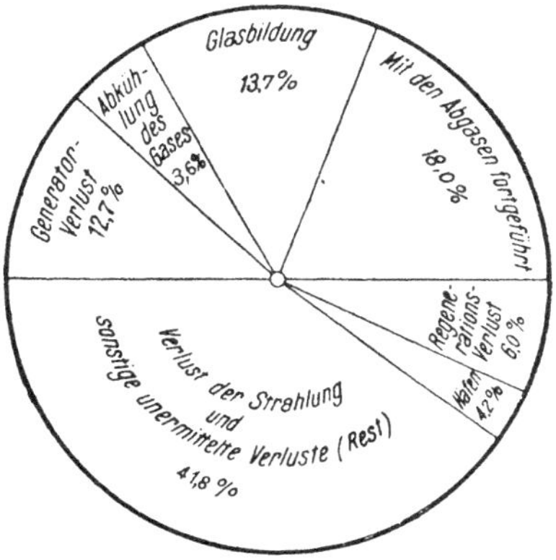

Abb. 9. Verteilung der Wärmeenergie im Glasschmelzofen.

M. Folgerungen.

Für die Aufstellung der Bilanz waren folgende Feststellungen resp. Messungen erforderlich:

A. Am Generator:

1. Elementaranalyse des Brennstoffes.
2. Durchsatz an Brennstoff in 24 Stunden.
3. Kohlenstoffverlust durch Aschenfall und Flugstaub.
4. Dampfmenge in 24 Stunden; Dampfüberdruck.
5. Temperatur des Generatorgases und der Luft.
6. Feuchtigkeitsgehalt der Luft.
7. Zusammensetzung des Generatorgases.

B. An den Regeneratoren:

8. Eintritts- und Austrittstemperatur des Gases.
9. Eintritts- und Austrittstemperatur der Luft.
10. Eintritts- und Austrittstemperatur der Abhitze.

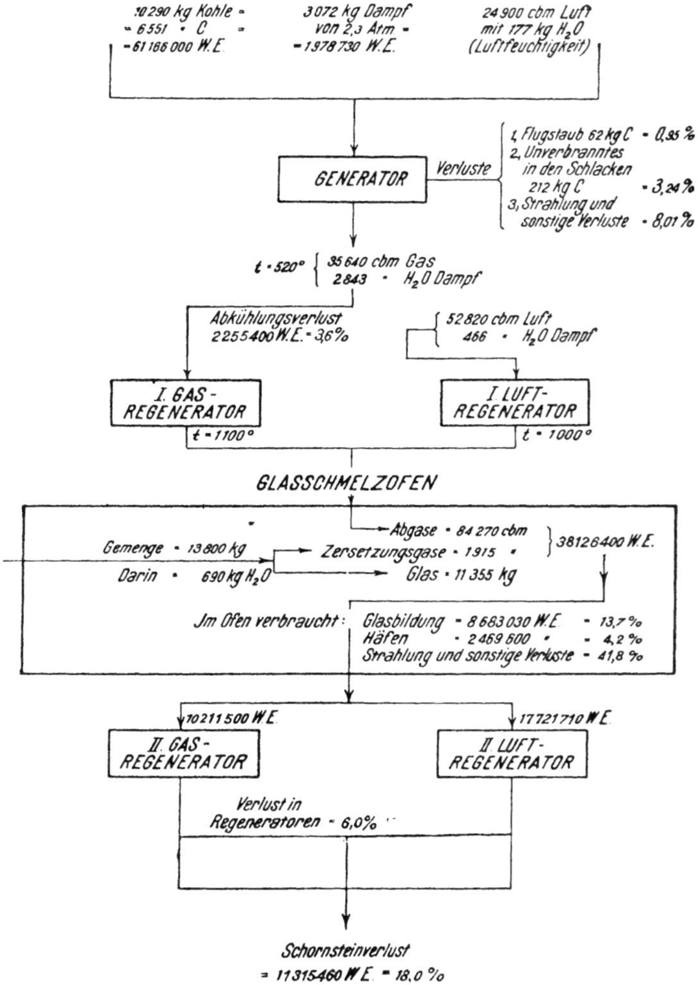

Abb. 10.
Graphische Darstellung der Wärmebilanz eines Glasschmelzofens.

C. Am Schmelzofen selbst:

11. Quantität der einzelnen Rohstoffe (Gemenge).
12. Feuchtigkeitsgehalt des Gemenges.
13. Ofentemperatur.
14. Gewicht resp. Abmessungen der Häfen.

D. Am Schornstein:

15. Rauchgasanalyse.

Auf die Ausführungsart der einzelnen Messungen verbietet mir der Umfang der Abhandlung näher einzugehen und muß ich auf die betreffende Spezialliteratur verweisen.

Aus der Bilanz kann man manche Schlüsse ziehen. Zunächst der Wärmeverlust im Generator. Derselbe mit 12,7% erscheint etwas groß. Jetzt werden Generatoren, in welchen die fühlbare Wärme des abziehenden Generatorgases zum größten Teil ausgenützt wird, mit einem Nutzeffekt von über 90% (vgl. S. 115) gebaut. Ein weiterer nicht unbeträchtlicher Verlust, welcher durch Abkühlung des Generatorgases auf dem Wege zum Ofen entsteht und 3,6% der Gesamtwärme beträgt, könnte behoben resp. bedeutend verringert werden, wenn der Generator vom Ofen weniger entfernt oder die fühlbare Wärme des Gases zur Dampfbildung oder Wasservorwärmung ausgenutzt würde.

18% der gesamten Wärme werden mit den Abgasen fortgeführt. Dieser Prozentsatz könnte ebenfalls reduziert werden, und zwar durch Herabsetzung des Luftüberschusses, der mit 1,26 für Gasfeuerung etwas hoch erscheint; die hohe Abhitzetemperatur von 390° ist ebenfalls unwirtschaftlich.

Die durch Verringerung der Abhitzetemperatur gewonnene Wärme könnte man dem Mauerwerk der Regeneratoren zuführen. Auch durch Erhöhung des Steingewichtes der Regeneratoren bei entsprechender Vergrößerung derselben kann der Regenerationsverlust, der sich übrigens in diesem Falle nicht bestimmen läßt, bedeutend verringert werden.

Um ein besseres Bild über die Höhe des Strahlungsverlustes zu gewinnen, bringe ich in der folgenden Tabelle zum Vergleich Angaben über solche Verluste bei verschiedenen Öfen.

Leitungs- und Strahlungsverluste in Prozenten der gesamten Wärmemenge bei verschiedenen Öfen.

Eisenhochofen	11,11%[1]
,, ...	15,00%[2]
,, ...	10,00%[3]
,, ...	12,30%[3]
,, ...	19,50%[3]
,, ...	12,10%[4]

[1]) Gillhausen, Untersuchungen über die Stoff- und Wärmebilanz des Hochofens. Metallurgie 7, 421 (1910).

[2]) Wedding, Eisenhüttenkunde III, S. 600. 1906.

[3]) Ledebur, Eisenhüttenkunde. 3. Aufl. S. 590.

[4]) Brisker, Berechnung und Untersuchung des Eisenhochofens.

Siemenszinkofen	32,12%[1])
Tiegelofen	38,80%[2])
Glasschmelzofen	38,78%[3])
„	41,2 %[4])
Drehrohrofen	27,00%[5])
„	25—33%[6])
Koksofen	5,00%(?)[7])

Man sieht, daß der Glasschmelzofen in dieser Beziehung der ungünstigste ist. Auch hier könnte Abhilfe geschaffen werden, eventuell durch bessere Isolationsmittel, durch Ausnutzung der strahlenden Energie zu Dampfbildung, durch Konstruktionsverbesserungen usw.

Auf viele andere indirekte Möglichkeiten, den feuerungstechnischen Prozeß am Glasschmelzofen wirtschaftlich zu gestalten, wie z. B. Erhöhung des Gasheizwertes durch Regeneration der CO_2, wodurch das Gas unter Umständen im Heizwert bis zu 8% zunehmen könnte; Kohlensäure aus den Abgasen zu gewinnen usw. kann ich an dieser Stelle nicht näher eingehen.

III. Erfahrungen mit Holzgeneratoren[8]).

Holzgeneratoren wendet man nur in holzreichen Gegenden an. Deshalb sind einige Erfahrungen, die mit Vergasung von Holz, speziell in Rußlands Glashütten gemacht wurden, für uns von Interesse.

Die Glashütten des Zentral-, Nord- und Ost-Rußlands befinden sich hauptsächlich in Waldgegenden und benutzen daher Holz als Brennstoff. Steinkohle verbrauchen die südrussischen (Donetzkohle) und polnischen (Dombraukohle) Hütten sowie die Glashütten des Baltikums und des Petersburger Gouvernements (englische Kohle). Die Verwendung

[1]) Eulenstein, Wärmebilanz eines Siemenszinkofens. Met. S. 328.

[2]) Wüst, Untersuchung über den Wärmehaushalt eines Tiegelofens. Stahl u. Eisen 1903, S. 1138.

[3]) Gelstharp, Transact. of the amer. Ceram. Society XII, 1910, S. 621—629.

[4]) Resultat meines in diesem Kapitel behandelten Rechnungsbeispieles.

[5]) Schoch, Die moderne Aufbereitung der Mörtelmaterialen.

[6]) Kühl und Knothe, Die Chemie der hydr. Bindemittel.

[7]) Otto, Theoretische und praktische Ermittlung von Koksofenwärmebilanzen. Dissertation. Breslau 1914.

[8]) Vgl. Sprechsaal 1921, Nr. 39.

von Torf, als solchen, zu Brennstoffzwecken ist nur in einem einzigen Falle bekannt; es ist die Glashütte Orloff in Klin (Gouvernement Moskau); in den meisten Fällen findet jedoch Torf nur als Zusatz zu Holz Anwendung. Im Kaukasus (sowie auf einem Werke in Moskau) arbeiten die Glashütten mit Erdöl; die Erdöldestillate (Benzin, Petroleum usw.) finden ebenfalls eine ausgedehnte Verwendung in verschiedenen Glashütten Rußlands, jedoch nur als Motorentreibmittel. Zwischen den verschiedenen Brennstoffarten nimmt der Verbrauch an Holz in den russischen Glashütten den ersten Platz ein.

Der Brennstoffverbrauch der Glashütten ist ganz bedeutend. Im Jahre 1913 waren in Rußland 275 Glashütten vorhanden. Zuverlässige Angaben über den Brennstoffverbrauch sind nur für 105 Hütten bekannt; für die anderen muß derselbe auf Umrechnungswege geschätzt werden. Danach betrug der Verbrauch der gesamten Glashütten Rußlands an verschiedenen Brennstoffen (auf Holz umgerechnet) 221 Mill. Pud[1]). Bei einer Arbeiterzahl von rund 75 000 ergibt sich somit ein Brennstoffverbrauch pro Arbeiter = 2950 Pud Holz im Jahr. Wenn auch im Jahre 1919 (also unter dem Bolschewistenregiment) der Brennstoffverbrauch nur 1350 Pud pro Arbeiter betrug, so erklärt sich diese täuschende Ersparnis dadurch, daß bei einer sich nur wenig verminderten Arbeiteranzahl die meisten Glasschmelzöfen nicht im Betriebe waren. Das Verhältnis von Brennstoff zu der Fabrikationsmenge läßt sich für das Jahr 1919 leider nicht feststellen; im Jahre 1913 jedoch betrug der Brennstoffverbrauch 6,6 Pud lufttrockenes Holz auf je 1 Pud fertiges Glas. Im Vergleich mit deutschen Glashütten, wo man weniger als die Hälfte Brennstoff auf die Gewichtseinheit Fertigfabrikate verbraucht, erscheint diese Zahl zu hoch.

In den allermeisten Fällen wird das Holz in Generatoren vergast. Holzgeneratoren sind fast ausnahmslos nur in Rußland vertreten, so daß man die Erfahrungen der west-europäischen Länder, die auf fossilen Brennstoffen basieren, hier nicht gut anwenden kann. In Rußland selbst brauchte die technische Seite der Holzgeneratoren schon allein wegen des Reichtums an Holz nicht so genau durchstudiert zu werden. Infolge des Ausfalles eines großen Teiles der Steinkohlenproduktion wurde jedoch in den letzten Jahren das Holz in

[1]) 1 Pud = 16,38 kg.

stärkerem Maße zum Decken der Brennstoffbedürfnisse herangezogen, so daß eine rationellere Holzbewirtschaftung jetzt mehr in den Vordergrund tritt. Bei den russischen Betriebserfahrungen steht auf jeden Fall folgendes fest. Je größer die Holzscheite sind und je stärker der Zug resp. Wind ist, um so höher muß die Brennstoffschicht im Generator sein; bei größeren Holzscheiten und bei Anwendung eines spezifisch leichteren Vergasungsmaterials (Zweige usw.) muß der Querschnitt des Generatorschachtes möglichst weit gemacht werden. Der Zusammenhang zwischen der Höhe der Brennstoffschicht im Generatorschacht und der Gaszusammensetzung ist aus dem nebenstehenden Diagramm (Abb. 11) ersichtlich. Die Angaben beziehen sich auf gemischtes Holz von 20—32 Werschock[1]) Scheitlänge, welches im Generator zum Teil mit und zum Teil ohne Rost vergast wurde. Dementsprechend werden jetzt bereits am Ural Holzgeneratoren von 9 m Höhe gebaut; die Brennstoffschicht beträgt in solchen Generatoren 7,5 bis 8 m. Ferner übt die Holzzersägung auch einen Einfluß auf die Zusammensetzung des Generatorgases aus. Bei einer gleichen Höhe der Brennstoffschicht ergeben kleinere Holzscheite ein oxydreicheres Gas. Die untenstehenden Analysen illustrieren das eben Gesagte:

Abb. 11. Zusammenhang zwischen Kohlenoxydgehalt der Gase und Brennstoffhöhe in Holzgeneratoren.

	Gussewski Kristallglas-Fabrik	Urschelski Kristallglas-Fabrik
Die Brennstoffhöhe in Metern	2,4	2,5
Die Holzscheitlänge in Werschocks . . .	12,0	20,0
Die Gaszusammensetzung		
Kohlenoxyd	24,6	19,1
Kohlensäure	8,2	9,7
Wasserstoff	10,4	10,4
Methan	1,8	1,9
Sauerstoff	0,0	1,7
Stickstoff	55,0	57,0

Es erweisen sich daraus folgende Maßnahmen als notwendig. Die Generatoren der Glashütten müssen höher ge-

[1]) 1 Werschock = 4,45 cm.

macht werden; wo ein Aufbau nicht ausführbar ist, läßt sich durch Entfernung des Rostes ebenfalls eine Steigerung des CO-Gehaltes um einige Prozente erzielen. Bei einer Aufstellung neuer Generatoren muß man für eine Brennstoffhöhe von mindestens 5 bis 6 m sorgen. Die Holzscheite dürfen nicht länger als 12 Werschock sein; bei niedrigeren Generatoren geht man zweckmäßig sogar bis 6 Werschock herunter. Durch diese Maßnahmen kann das Holzgeneratorgas, welches in Rußland durchschnittlich 1000 WE (23 bis 24% CO) aufweist, auf etwa 1225 WE (28% CO), wie auf den Uralwerken, gesteigert werden, was eine Brennstoffersparnis von rund 18% bewirken kann. Eine weitere Brennstoffersparnis wäre in der Verringerung des Luftüberschusses im Generatorgas zu erzielen, welcher in einigen Fällen sogar in mustergültigen Anlagen bis zu 65% beträgt. Für die Trocknung des Holzes soll die Wärme der Abgase benutzt werden, die in den Schornstein mit 400° C entweichen, wodurch weitere Brennstoffersparnisse erzielt werden können. Ein unnützer Brennstoffverbrauch findet ferner an Sonn- und Feiertagen statt, die zusammen etwa 85 bis 90 Tage, also rund ein Vierteljahr betragen. Diese Feiertage sollen vollständig in Fortfall gebracht werden. Es verdient dabei der Vorschlag erwähnt zu werden, die Belegschaft in 6 Gruppen einzuteilen, wobei fünf arbeiten und die sechste ausruht. Die Notwendigkeit, an Sonntagen zu arbeiten, wird durch häufigere Ruhetage ersetzt. Ferner braucht der Arbeiter die Sonntagsarbeit nur einmal in 6 Wochen zu entrichten.

Die Verwendung von Torf müßte in stärkerem Maße herangezogen werden. Wo man denselben infolge leicht eintretender Rostverschlackung nicht anwenden kann, soll man ihn als Zusatz einführen. Bei rostlosen Generatoren läßt sich aber Torf auch als solcher verwenden und liefert ein ganz gutes Gas, wie man es aus den folgenden Betriebsanalysen ersehen kann, wenn sich dieselben auch nur auf verhältnismäßig niedrigere Generatorschächte (2,4 m) beziehen.

	Holz	Torf
Kohlensäure	6,2	9,4
Kohlenoxyd	24,6	22,1
Wasserstoff	10,4	11,0
Methan	1,8	1,8
Sauerstoff	0,0	0,0
Stickstoff	55,0	55,7
Heizwert	1100 WE	1750 WE

Die besten Erfolge verspricht man sich für Torf von Schlackenabstich-Gaserzeugern.

Holz- und Torfgas eignen sich ganz gut zum Betrieb von Gasmaschinen, was die Erfahrungen der Uralschen Eisenhütten bestätigen, sowie zum Ersatz von Benzin in den Schleifereien.

Die Nebenproduktengewinnung[1]) wird vollständig außer acht gelassen. In zwei Glashütten wurde eine Teerausbeute von 0,8% vom Gewicht des lufttrockenen Holzes festgestellt (in Schweden sowie in anderen russischen Betrieben bedeutend mehr). Das würde ganz bedeutende Mengen Teer ergeben. Ferner läßt sich auch Essigsäure und Methylalkohol bei Holzvergasung gewinnen. In den Holzdestillationsanlagen erhält man auf je 1 Teil Teer 0,9[2]) Teile Essigsäure und 0,09 Teile Methylalkohol. Bei der Vergasung wird von diesen Produkten allerdings etwas weniger, aber immerhin noch eine ganze Menge ausfallen. Bis heute werden weder Essigsäure und Alkohol noch Teer aus den Generatorgasen der russischen Glasindustrie gewonnen. Teer setzt sich allerdings in den Glaskanälen nieder, wird aber von Zeit zu Zeit ausgebrannt.

IV. Regenerator oder Rekuperator[3]).

A. Wärmeverluste in Gaswerköfen.

Ganz abgesehen von den Strahlungsverlusten ist bei jeder technischen Feuerung ein gewisser nicht unbeträchtlicher Wärmeverlust schon aus dem Grunde unvermeidlich, weil für den Schornstein — den Motor, welcher einerseits

[1]) Ich verweise noch auf meine Broschüre: Litinsky, Die Nebenproduktenkokerei in Süd-Rußland. Entwickelung, Stand, Organisation und Aussichten der russischen Teerkokerei. Mit 12 Abbildungen und 20 Tabellen. Leipzig 1921. B. G. Teubner. (Herausgegeben vom Ost-Europa-institut Breslau.)

[2]) Scheinbar verdünnte, also 4 proz.

[3]) Das in diesem Kapitel behandelte Thema ist von mir zum ersten Male aufgegriffen und zum Gegenstand einer besonderen Veröffentlichung gemacht worden. Während die Abhandlung, die in vollem Umfange im Österreichischen Gasjournal Ende 1918 erschien, sich noch im Druck befand, trat ich eine kürzere Reise nach Rußland an, die sich entgegen meinen Erwartungen und wider meinen Willen zu einer beinahe zweijährigen Abgeschlossenheit vom übrigen Europa ausdehnte. Infolgedessen konnte ich mich an der Diskussion (von der ich erst bei meiner Rückkehr nach Deutsch-

die Zuführung der Verbrennungsluft zu dem Brennstoff und andererseits die Abführung der Rauchgase in die Atmosphäre zu besorgen hat — eine gewisse Temperatur der Rauchgase erforderlich ist, um den für die Verbrennung nötigen Zug zu erzielen.

Haben die Gase im Schornsteine eine Temperatur von nur 280° C ,welche für die Erzielung des benötigten Zuges als vollständig ausreichend zu betrachten ist, so repräsentieren die Abgase schon einen durchschnittlichen Wärmeverlust, welcher aus der nachfolgenden Tabelle zu ersehen ist:

Tafel I. Wärmeverlust durch die Abgase:

Bei einem Luftüberschuß in % von	entsprechend einem CO_2-Gehalt der wasserfreien Abgase			beträgt der Wärmeverlust in %		
	Koksofengas	Generatorgas	Gichtgas	Koksofengas	Generatorgas	Gichtgas
10	9,5	18,5	22,3	12,7	15,5	17,6
15	9,0	18,0	21,8	13,2	15,9	17,9
20	8,6	17,5	21,3	13,6	16,2	18,2
25	8,2	17,1	20,8	14,1	16,6	18,5
30	7,9	16,7	20,4	14,6	17,0	18,9

Bei einer Temperatur der Rauchgase von etwa 5 bis 600° C, wie es z. B. auf den Gaswerken im allgemeinen der Fall ist, betragen solche Verluste mehr als das Doppelte der in der obigen Tabelle angegebenen Werte.

Wird die in den Abgasen enthaltene Wärme, welche bei hoher Verbrennungstemperatur des betreffenden Brennstoffes ganz bedeutende Werte darstellt, unausgenutzt (d. h. ohne

land erfuhr) nicht beteiligen, die sich während meiner Abwesenheit speziell in der Fachpresse für Leuchtgasindustrie entwickelte. Aber auch nach meiner Rückkehr hatte ich keine Veranlassung, zu der Diskussion Stellung zu nehmen, weil trotz des Streites zwischen den Anhängern (meistens Baufirmen) der beiden Arten der Wärmerückgewinnungseinrichtungen an meinen Ausführungen nicht gerüttelt wurde. Ich bringe daher den damals erschienenen Aufsatz hier in vollem Umfange wieder und verweise vollständigkeitshalber noch auf die im Journal für Gasbeleuchtung und Wasserversorgung in den Jahren 1919—1921 über dieses Thema erschienenen Mitteilungen.

Der Aufsatz „Regenerator oder Rekuperator?" Erschien vollständig in der Zeitschr. d. Ver. d. Gas- u. Wasserfachmänner Österr.-Ungarns 1918, H. 13—23 und im Auszuge in der Feuerungstechnik 1918/19, H. 4 und 5, sowie in Koppers Mitteilungen Jg. 1919, H. 2. (Vgl. ferner Stahl u. Eisen 1918, Nr. 47 sowie Wasser u. Gas 1918, H. 23, 24.)

daß die Abwärme in einer Wärmerückgewinnungsanlage nutzbar gemacht wird) in den Kamin geleitet, so können dadurch Wärmeverluste entstehen, welche je nach der Zusammensetzung des Brennstoffes die Hälfte seines Heizwertes und darüber betragen. Beim Ausnutzen der Abhitze in Wärmerückgewinnungsanlagen irgendwelcher Art (Regeneratoren, Rekuperatoren) sinkt die Temperatur derselben beim Austritt aus der Wärmeregeneration, je nach dem von verschiedenen Faktoren abhängigen Ausnutzungsgrad der Abgasewärme um einige 100° C. Verlassen die Rauchgase einer Generatorgasfeuerung die „Regeneration" mit 500, 600 oder 700° C, so beträgt der Abwärmeverlust unter Voraussetzung eines Koksheizwertes von 7000 WE (bei gleichbleibendem, normalen Kohlensäuregehalt der Rauchgase) rund 25, 30 oder 35%. Das sichere und einwandfreie Funktionieren des Schornsteins wird, wie oben ausgeführt, schon bei einer erheblich niedrigeren Temperatur gewährleistet und eine Temperatur der Abgase im Kamin von 250 bis 300° C und zuweilen noch niedriger erweist sich für technische Feuerungen in den weitaus meisten Fällen als vollständig genügend. Durch die Abkühlung der Abhitze von 500 bis 300° C können weiter noch rund 10% des Brennstoffheizwertes gespart werden. Schon allein aus dem einen Grunde, die Abwärmeverluste auf das geringste Maß zurückzuführen, empfiehlt es sich, wenigstens die Verbrennungsluft mittels der Abgase vorzuwärmen. Die Vorwärmung der Luft wird aber noch aus anderen Gründen ausgeführt, und zwar zwecks Erzielung einer möglichst hohen Verbrennungstemperatur, was für verschiedene, technisch-chemische Prozesse unumgänglich ist. Auf den Gaswerken z. B. ist die hohe Temperatur aus dem Grunde notwendig, weil dadurch die Entgasung der zur Gasbereitung verwendeten Kohle vollständiger wird.

Die Erzielung einer hohen Verbrennungstemperatur ist von der Menge des Brennstoffes unabhängig, dagegen steht sie mit der Menge der bei der Verbrennung entstehenden Verbrennungsprodukte im Zusammenhang. Je größer bei der gleichbleibenden Menge der Verbrennungsprodukte die zugeführte Wärmemenge ist (wenn z. B. ein Teil der Wärme nicht im Brennstoff selbst, sondern mit der vorgewärmten Luft zugeführt wird), um so höher steigt der pyrometrische Effekt. Aus dem folgenden kleinen Beispiel kann die Wirkung der auf 900° erhitzten Luft ersehen werden.

Beispiel:

Das Generatorgas möge folgende Zusammensetzung haben:

CO_2	8%
CO	23%
H_2	10%
N_2	59%
	100%

Es ist bei 50° C mit Wasser gesättigt. Der Luftüberschuß beträgt 15% und die Eintrittstemperatur der Luft beträgt 20° C. Der untere Heizwert des Gases ist = 955 WE, der praktische Luftverbrauch pro Kubikmeter Generatorgas 0,95 cbm und die erzeugten Verbrennungsprodukte setzen sich zusammen inklusive dem Feuchtigkeitsgehalt des Generatorgases und der Luft aus:

0,31 cbm . .	CO_2
0,238 cbm . .	H_2O
1,374 cbm . .	permanente Gase.

Die Wärmekapazität der Abgase beträgt:

für 0,31 cbm CO_2
$= 0{,}31 \cdot (0{,}38 + 0{,}000165\,t) \quad = \quad 0{,}118 + 0{,}00005155\,t$
für 1,374 cbm permanente Gase
$= 1{,}374 \cdot 0{,}305 + 0{,}0000268\,t) \quad = \quad 0{,}419 + 0{,}00003682\,t$
für 0,238 cbm H_3O
$= 0{,}238 \cdot (0{,}36 + 0{,}0001294\,t) \quad = \quad 0{,}086 + \quad 00003080\,t$
Zusammen: $0{,}623 + 0{,}00011877\,t.$

Nach der Formel $t = \frac{W}{Ct}$ beträgt die errechnete Temperatur:

$$= \frac{955\,(\text{Heizwert d. Gases}) + 24\,(\text{Wärmeinhalt d. Luft u. d. Feuchtigkeit})}{0{,}623 + 0{,}00011877\,t},$$

wobei $t = 1267°$ C ist.

Wird nun die Luft auf 900° C vorgewärmt, so beträgt ihr Wärmeinhalt 281 WE, dann berechnet sich die Verbrennungstemperatur zu:

$$t = \frac{955 + 24 + 182}{0{,}623 + 0{,}00011877\,t} = 1555°\ \text{C}.$$ [1]

Ungefähr in demselben Maße steigt der pyrometrische Effekt, wenn außer der Luft noch das Generatorgas selbst vorgewärmt wird.

[1]) Vgl. auch Abschnitt I G, S. 21.

Es ist eine bekannte Tatsache, daß bei den Gaswerken — und speziell mit diesen will ich mich in diesem Kapitel befassen — die Abhitzetemperatur beim Eintritt in den Schornstein 500 bis 600 ° C und häufig noch mehr beträgt. Je höher die Abhitzetemperatur ist, um so größere Wärmemengen gehen nutzlos durch den Schornstein verloren und um so größer wird der für die Destillation (Entgasung) der Kohle benötigte Brennstoffaufwand, welcher in den Gaswerken allgemein unter der Bezeichnung „Unterfeuerungsverbrauch" bekannt ist.

Der Frage der Abhitzeausnützung[1]) im Gaserzeugungsofen wird nicht genügend Aufmerksamkeit geschenkt und die Gaswerke stehen bis heute in dieser Hinsicht nicht auf gleicher Höhe mit anderen ähnlichen Industrien. Eine Erklärung dafür kann nur darin gefunden werden, daß die Gaswerke den gewaltigen Fortschritten der Wärmetechnik, abgesehen von der Verbesserung der Gaserzeugungsöfen, nur verhältnismäßig wenig Interesse entgegengebracht haben.

Ein günstiger Ausnützungsgrad der Abhitze in den Gaserzeugungsöfen hängt unter anderem nicht in letzter Linie von dem angewandten System oder Prinzip der Wärmeregeneration ab und ich möchte in den nachstehenden Zeilen versuchen, auch meinerseits zur Klärung dieser Frage vom wärmetechnischen Standpunkt aus etwas beizutragen.

B. Einrichtungen für Wärmerückgewinnung; Begriffserklärung und Geschichtliches.

Die Rückgewinnung der Wärme aus den Abgasen und ihre Nutzbarmachung zur Vorwärmung der Verbrennungsluft resp. des Heizgases selbst wird schon seit längerem ausgeführt. Man wendet für diesen Zweck verschiedene Wärmerückgewinnungseinrichtungen an, welche man grundsätzlich in folgende zwei Gruppen einteilen kann: Regeneratoren und Rekuperatoren.

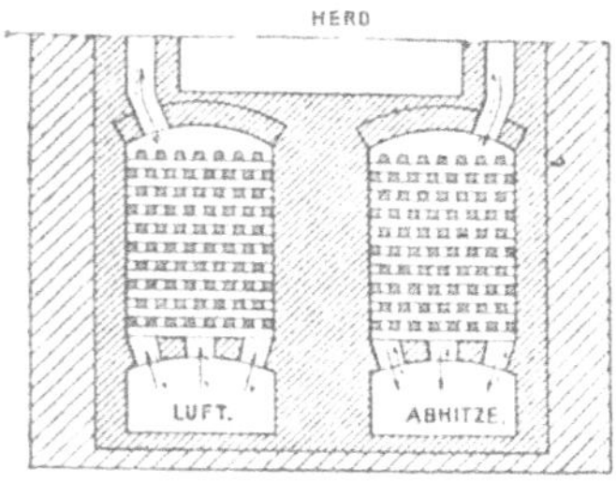

Abb. 12. Regenerator.

Die Regeneratoren (Wärmespeicher, Wiederbeleber) stellen je nachdem, ob die Luft allein oder Luft und Heizgas vorgewärmt werden sollen, 2 oder 4 aus ffst. Steinen ge-

[1]) Vgl. meinen Aufsatz: L. Litinsky: Die Verwertung der Abhitze der Gaswerksöfen. Feuerungstechnik, Jahrgang XI, 1922/23, Heft 11.

baute und mit lose gehäuftem Steinmaterial oder mit einem netzartigen Verband aus ffst. Steinen in der Weise ausgelegte Kammern dar, daß den durchziehenden Gasen eine große Oberfläche geboten wird, ohne gleichzeitig den Durchzug der Gase zu hemmen. Durch ein Regeneratorpaar wird die Abhitze auf dem Wege zum Schornstein geleitet, und zwar solange, bis das Steinfachwerk im Regenerator eine gewisse Wärmemenge aufgespeichert und eine genügend hohe Temperatur erreicht hat. Ist das der Fall, so wird — meistens nach 20 bis 30 Minuten — umgesteuert, d. h. durch die zuvor von der Abhitze umspülten Steinmassen wird Luft und Gas geleitet und hier durch die unmittelbare Berührung mit den heißen Steinen vor dem Eintritt in den Verbrennungsraum auf eine bestimmte Temperatur gebracht, während die dabei entstehenden Verbrennungserzeugnisse in derselben Zeit die anderen in der vorigen Wechselperiode abgekühlten Kammern durchstreichen. Die Umsteuerung geschieht in gleichmäßigen Intervallen, jedesmal, nachdem die Luft und gegebenenfalls das Gas von der in den Kammern aufgespeicherten Wärme einen bestimmten Betrag aufgenommen haben, resp. wenn ein durch verschiedene Temperaturverhältnisse, Wärmeleitfähigkeit, Geschwindigkeit der Gase usw. gegebener Gleichgewichtszustand eintritt. In den Abb. 12 bis 14 ist ein Regenerator dargestellt. Der Weg der Abhitzegase und der Luft ist in den Abbildungen durch Pfeile gekennzeichnet. Die **punktierten** Pfeile zeigen den Weg der Gase nach dem Umstellen.

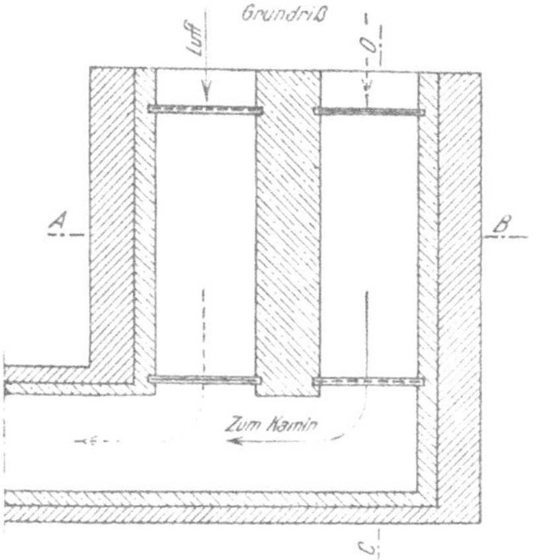

Abb. 13. Regenerator.

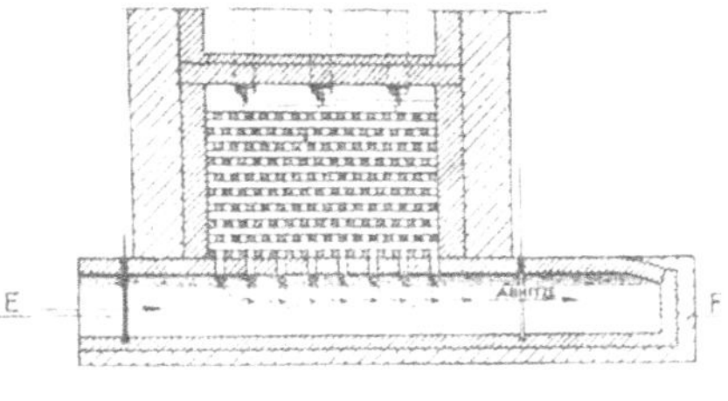

Abb. 14. Regenerator.

Als Rekuperator dient dagegen ein System dünnwandiger Kanäle (oder Röhren), durch welche Luft und Abgase in Gegenstrom aneinander vorbeiziehen. Der Wärmeaustausch findet bei ihnen durch die etwa 60 bis 80 mm zuweilen auch dünneren) starken Seitenwände statt. Im Gegensatz zu den einräumigen Regeneratoren stellen die Rekuperatoren zweiräumige Luft- resp. Gaserhitzer dar. Die Wärmeübertragung erfolgt hier durch andauernde Berührung der beiden aneinander vorbeifließenden Medien in einer Fläche der Trennungswand zwischen Luft- und Abgaswegen. Die Rekuperatoren sind somit kontinuierliche Apparate, während die Regeneratoren zu solchen intermittierenden Charakters zu rechnen sind.

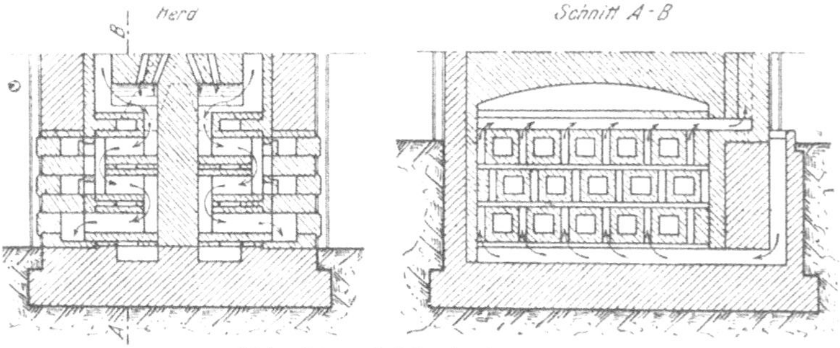

Abb. 15 und 16. Rekuperator.

In den Abb. 15 und 16 ist ein Rekuperator dargestellt. Wie die Pfeile andeuten, nehmen die Abgase hier ihren Weg durch die Kanäle, während die vorzuwärmende Luft zwischen den Kanälen strömt.

Abseits von diesen beiden Systemen stehen die Winderhitzer, welche in der Hochofenindustrie angewendet werden und meist nach dem Cowpersystem ausgebildet sind. Wenn dieselben in ihrer Bauart und im Prinzip im allgemeinen den Regeneratoren ähnlich sind, so unterscheiden sie sich von den beiden oben besprochenen Systemen dadurch, daß die hier zum Erhitzen des Windes (Luft) dienenden wärmeaufspeichernden Flächen nicht durch die Abgase einer Feuerung erhitzt werden, sondern es werden dafür direkt Brennstoffe (Gichtgas) verwendet. Während die Regeneratoren und Rekuperatoren Wärmerückgewinnungsanlagen im richtigen Sinne des Wortes sind, so sind die Cowperapparate nur Lufterhitzer.

Aus diesem Grunde gehören sie nicht in den Rahmen dieser Abhandlung.

Die Rekuperatoren sind viel älter als die Regeneratoren. Schon im Jahre 1837 hat Faber du Faux in Wasseralfingen Winderhitzerapparate konstruiert, die im Prinzip den heutigen Konstruktionen der Rekuperatoren ganz ähnlich sind. In der Eisenhüttenindustrie hat man solche Lufterhitzerapparate zuerst aus eisernen Röhren hergestellt. Infolge der hohen Wärmeleitfähigkeit des Eisens kommt man bei der Anwendung derselben bei gleicher Leistung mit bedeutend kleineren Heizflächen aus. Die Verwendung des Eisens schließt jedoch die Erzielung höherer Vorwärmungstemperaturen aus. Teils infolge seiner Durchlässigkeit und Schmelzbarkeit (Gußeisen), teils infolge der Oxydierbarkeit (schmiedbares Eisen) lassen sich eiserne Röhren zum Übertragen von hochtemperierter Hitze nur schlecht anwenden, und man kann hierin die Luft höchstens bis 500° C vorwärmen. Man hat später versucht, die Eisenröhren mit Röhren aus ffst. Stoffen zu kombinieren, indem die letzteren den höheren Temperaturen ausgesetzt wurden. Es ist dabei zu berücksichtigen, daß die Wärmeleitungsfähigkeit des Steinmaterials viel geringer ist als diejenige des Eisens, was in diesem Falle eine viel größere Heizfläche erforderte, aber die unregelmäßigen und nicht kompensierten Expansionen und Kontraktionen der Röhren haben oft ein Undichtwerden der Verbindungsstellen zur Folge gehabt.

1857 wurde Cowper das Patent erteilt, und es begann kurz darauf die Einführung seines Systems in der Eisenhüttenindustrie, welches dann eine fast allgemeine Verbreitung gefunden hat, während Röhren und andere Apparate allmählich verdrängt wurden. In der Leuchtgasindustrie sowie auch teilweise in einigen anderen Industrien, welche mit den Errungenschaften der Wärmetechnik nicht in dem Maße Schritt hielten, wie es von diesen Industrien eigentlich zu erwarten wäre, hat sich das rekuperative System der Luftvorwärmung noch bis heute erhalten.

Die Regeneratoren wurden gegen das Jahr 1860 von den Gebrüdern Wilhelm Siemens in London und Friedrich Siemens in Dresden in die Industrie eingeführt. Am 2. Dezember 1856 meldete Fr. Siemens ein Patent in England an betreffend Verbesserungen an Gasöfen. Der erste praktische Versuch wurde von dem Erfinder in sehr primitiver Weise ausgeführt. Fr. Siemens schreibt selbst darüber folgendes (s. Abb. 17):

„$a\,a_1$ ist ein Kanal aus feuerfesten Steinen, welcher auf beiden Seiten offen ist und außerdem auf jeder Seite mit einem Schornstein bb_1 in Verbindung steht. In der Mitte des Kanals $a\,a_1$ ist ein Loch c, um die Kohlen aufzunehmen. Zu beiden Seiten des Kohlenraumes fülle ich den ganzen Kanal aa_1 mit kleinen Stücken aus feuerfestem Ton. Das Loch c sowohl wie beide offene Enden d und d_1 des Kanals $a\,a_1$ können mit Steinen zugesetzt werden; die Verbindungen mit dem Schornstein sind jedoch vermauert. Werfe ich glühende Kohlen in c ein und setze die Öffnungen c und d zu, so wird ein Zug in der Richtung der Pfeile entstehen und der Regenerator oder die Tonstücke in a werden erhitzt. Nach etwa $^1/_2$ Stunde nehme ich den Stein von d fort und setze d_1 zu, der Zug wird entgegengesetzt laufen und der Schorn-

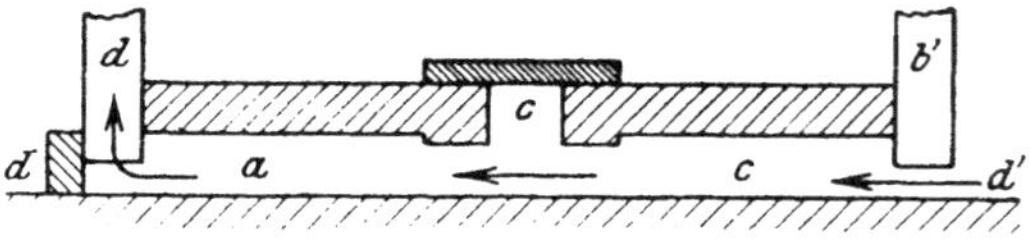

Abb. 17. Regenerationsprinzip von Siemens.

stein b wird tätig. Diesen Stein wechsle ich alle halben Stunden und steigere dadurch die Hitze beständig; c muß natürlich immer voll Kohlen gehalten werden. Trotz des sehr geringen Zuges, den ich hatte, erhielt ich nach etwa 6stündiger Operation solche intensive Hitze, daß ich Stahlfeilen schmolz und die allerfeuerfestesten Tiegel verbrannten. Dieser geringe Zug hat noch den bedeutenden Vorteil, daß er das Material sehr wenig angreift, wie es in den Flammöfen immer der Fall ist."

Der Erfindergedanke, die Abhitze durch Zugumkehr in einräumigen Wärmespeichern (Siemens selbst bezeichnet dieselben als Regeneratoren) zur Erhitzung der Verbrennungsluft wiederzugewinnen, war somit festgelegt. Allerdings war der dem Siemensofen zugrundeliegende Gedanke schon seit Anfang des vorigen Jahrhunderts mehrfach ausgesprochen, ohne jedoch praktische Verwendung zu finden. Näheres darüber findet sich im Polytechnischen Zentralblatt 1872, S. 1441; Berg- und hüttenmännische Zeitung 1873, S. 27; Zeitschrift des Österreich. Ingenieur- und Architektenvereins 1886, H. 1. Das hohe Verdienst der Einführung des Regeneratorprinzips in der deutschen Industrie gebührt jedoch zweifellos dem großen Erfinder Siemens.

Die praktischen Versuche mit der neuen Feuerung, welche Siemens 1857 mit dem Stahlfabrikanten Atkinson nunmehr in Cheffield anstellte, ergaben im Prinzip gute Resultate, sie wurden aber durch die Minderwertigkeit der feuerfesten Materialien beeinträchtigt und nach großem Geldverlust nach 9 Monaten eingestellt. Ende 1857 siedelte Fr. Siemens auf Veranlassung seines Bruders Werner nach Berlin über und errichtete in der Maschinenfabrik von L. Schwarzkopff den ersten Regenerativgasflammofen. Als Brennmaterial wurde Torf benutzt.

1858 erhielten Fr. Siemens und sein Bruder Werner in Sachsen ein Patent auf ihre Erfindung, während in Preußen das Patentgesuch abgewiesen wurde, weil ein solcher Ofen angeblich schon den deutschen Ordensrittern bekannt gewesen sei.

In Österreich wurde das Patent von der Firma Siemens & Halske nachgesucht und auch erteilt, und dort wurde der erste Regenerativflammofen zur Herstellung von Glas für die Firma Wagenmann, Sybel & Co. in Liesing bei Wien gebaut. Dann folgte der Bau von anderen Öfen.

Leser, die sich für die geschichtliche Entwicklung des Regenerativprinzips interessieren, verweise ich auf die Abhandlung von Prof. Dr. Beck: „Zum 50jährigen Jubiläum des Regenerativofens", Stahl und Eisen 1906, S. 1421—1427, woselbst auch weitere Literatur angegeben ist.

Während die Regenerativfeuerung sich in fast allen Industrien sehr rasch Bahn gebrochen hatte, hat sich dieselbe in der Leuchtgasindustrie erst vor kurzem eingebürgert. Allerdings fehlte es auch früher nicht an Versuchen, das Regenerativsystem in den Leuchtgaserzeugungsofen einzuführen. Diese Versuche führten jedoch nicht zu einem befriedigenden Resultat. Ich werde darauf noch an anderer Stelle zurückkommen.

Auf den Gaswerken sind die Einrichtungen zur Wärmerückgewinnung aus den Abgasen allgemein unter der Bezeichnung „Regeneration" bekannt.

Es liegt hier unzweifelhaft eine Verwechslung der Begriffe vor. Man versteht gewöhnlich unter Regeneration die Aufspeicherung der Wärme im Schamottemauerwerk, während zum Zwecke der Wiedergewinnung der Wärme die Verbrennungsluft durch dieselben Schamottesteine hindurchstreicht, die früher zur Aufspeicherung der Wärme gedient haben. Die Regeneration bedingt also immer einen abwechselnden Betrieb. Die gleichzeitige Vorwärmung der Verbrennungsluft an den heißen Abgasen, wie sie sonst in den Gaswerken üblich ist, vollzieht sich, indem Luft und Abgase durch getrennte Kanäle streichen. Sie sollte den Namen „Rekuperation" tragen. Es wurde jedoch in der Leuchtgasindustrie der Name „Regeneration" beibehalten, trotzdem die weitaus meisten Leuchtgaserzeugungsöfen nach dem eigentlichen Rekuperativsystem ausgebildet sind.

Es sei hier nebenbei bemerkt, daß diese beiden Ausdrücke: Regenerator und Rekuperator im großen und ganzen ziemlich farblos und nichtssagend sind. Auf jeden Fall enthalten diese beiden Bezeichnungen vom philologischen Standpunkte aus in sich keineswegs die Unterscheidungsmomente der beiden Arten der Luft- resp. Gaserhitzer. Ein Ersatz dieser lateinischen Bezeichnungen, deren Gebrauch durch nichts als Gewohnheit gerechtfertigt wird und die, wie es bereits oben gezeigt wurde, zu Mißverständnissen führen, durch zweckentsprechende, allgemein verständliche Ausdrücke, wie z. B. einräumiger resp. zweiräumiger Erhitzer oder Wärmespeicher und Wärmeübertrager usw., wäre auf jeden Fall zu begrüßen. In diesem Falle muß ich mich jedoch noch der alten Bezeichnungen Regenerator, Rekuperator bedienen, will jedoch hoffen, daß auch in dieser Sache endlich Wandel geschaffen wird.

Wenn auch durch den Gebrauch von Fremdwörtern die Sprache des Ingenieurs in der Welt allgemein verständlicher wird, so trifft es aber nicht in bezug auf jeden Ausdruck zu (vgl. die sehr interessanten Ausführungen von Dipl.-Ing. O. Ohnesorge in den „Mitteilungen vom Verband deutscher Patentanwälte" 1918, Nr. 1, S. 1 bis 5).

Ein gutes Funktionieren einer Einrichtung zur Rückgewinnung der Abwärme, sei es ein Regenerator oder Rekuperator, hängt, normale Betriebsverhältnisse vorausgesetzt, in erster Linie davon ab, in welchem Maße die Konstruktion der Anlage den Grundprinzipien der Wärmeübertragung entspricht.

C. Wärmeübertragung im allgemeinen.

Die Wärmeübertragung kann im allgemeinen auf zweierlei Weise erfolgen:

A. Wenn sich zwei Körper unmittelbar berühren durch Wärmeleitung und

B. wenn sie sich nicht unmittelbar berühren und wenn die Wärmeübertragung auch nicht auf dem langsam fortschreitenden Wege der Wärmeleitung von dem wärmeabgebenden Körper auf die dazwischenliegenden, sondern rasch und ohne sukzessive Erwärmung der dazwischenliegenden Körper erfolgt durch Wärmestrahlung.

Für die beiden Arten der Wärmeübertragung gilt das gemeinsame Gesetz, daß die Wärme immer nur von dem wärmeren auf den kühleren Körper übergehen kann und das Wärmegleichgewicht eintritt, wenn beide Körper dieselbe Temperatur besitzen.

A. Die Wärmeleitung. Bei der Wärmeleitung haben wir zu unterscheiden zwischen der inneren Wärmeleitfähigkeit eines Körpers und dem Wärmeübergang nach außen, z. B. von heißen Wänden an umgebende Flüssigkeiten oder Gase. Als Maß für die erstere dient diejenige in Gramm-Kalorien ausgedrückte Wärmemenge, die durch einen Würfel von 1 cm Seitenlänge in der Sekunde hindurchströmt, wenn zwei gegenüberliegende Flächen eine Temperaturdifferenz von 1° C besitzen. Diese Größe wird meist mit k, in der „Hütte“ mit λ bezeichnet. Davon unterscheidet man den stündlichen Koeffizienten, nämlich die Wärmemenge in Kilogramm-Kalorien gemessen, die stündlich durch einen Würfel von der Seitenlänge 1 m geht, wenn die Temperatur der beiden gegenüberliegenden Flächen um 1° differiert. Beide Koeffizienten lassen sich leicht ineinander umrechnen, da $k = 0{,}0036\,K$ ist. Werte für k bei verschiedenen hier in Betracht kommenden Stoffarten sind beispielsweise zu ersehen aus Richards, Metallurgische Berechnungen, S. 168 und 176, und aus anderen einschlägigen Büchern.

Der Wärmeübergang nach außen hängt von der Temperaturdifferenz, der Größe der leitenden Flächen und einem Koeffizienten ab, der in folgendem nach der „Hütte“, 22. Aufl., Bd. 1, S. 385 mit α bezeichnet werden soll.

Die Größe α hängt aber weniger von der Natur des festen Körpers, als von der Art des umgebenden Mediums und seinem Bewegungszustand ab. So beträgt nach Richards (S. 173) der Wärmeübergangskoeffizient für Eisen oder feuerfestes Material an bewegte Gase $0{,}000028\,(2 + \sqrt{v})$.

Der gesamte Wärmedurchgang, z. B. durch eine Platte aus feuerfestem Material, hängt nun sowohl von der Wärmeleitfähigkeit desselben, als auch vom Wärmeübergang ab. Nach der „Hütte" (S. 385) läßt sich der Koeffizient für den gesamten Wärmedurchgang berechnen nach der Formel

$$K = \frac{1}{\frac{1}{\alpha_1} + \frac{1}{\alpha_2} + \frac{d}{\lambda}}.$$

Wie man sieht, addieren sich dabei die reziproken Leitfähigkeiten, also die einzelnen Widerstände, zum Gesamtwiderstand genau so, wie es bei der Elektrizität für hintereinandergeschaltete Widerstände gilt.

B. Die Wärmestrahlung. Jeder erwärmte Körper sendet Strahlen aus, welche sich im luftleeren Raume ungehindert fortpflanzen. Treffen sie auf irgendeinen Körper, so werden sie von ihm teilweise reflektiert, teilweise absorbiert, bei manchen teilweise auch durchgelassen. Nur die absorbierten Wärmestrahlen bewirken eine Temperatursteigerung des bestrahlten Körpers. Die Absorptionsfähigkeit der Gase ist sehr gering im Vergleich zu derjenigen der festen und flüssigen Körper, was sich leicht daraus erklärt, daß bei den Gasen die einzelnen Moleküle entsprechend der kinetischen Gastheorie durch große Zwischenräume getrennt sind, so daß die Wärmestrahlen nahezu ungehindert passieren können. Zur Berechnung der durch Strahlung übertragenen Wärme dient die Stephan-Bolzmannsche Gleichung:

$$W_2 = \frac{K_2 \cdot q \cdot Z}{10\,000} (T^4 - T_1^4);$$

hierin bedeutet:

W_2 die durch Strahlung abgegebene Wärme pro Stunde,
K_2 einen Koeffizienten, der von der Natur der wärmegebenden Fläche abhängt,
T und T_1 die absoluten Temperaturen des strahlenden und des bestrahlten Körpers,
K_2 hat für Baustoffe den Wert von 3,60.

Man sieht aus der Stephanschen Gleichung, daß die durch Strahlung abgegebene Wärmemenge mit der Höhe der Temperatur außerordentlich stark wächst, und zwar im Sinne der 4. Potenz.

Die Abb. 18 gestattet einen Vergleich zwischen der Wärmeabgabe durch Leitung und durch Strahlung zu ziehen.

Die beiden Kurven der Abb. 18 sind auf Grund der Angaben von Richards[1]) und Goerens[2]) aufgezeichnet und gelten für Schamotte. Die Temperaturdifferenz $t_2 - t_1$

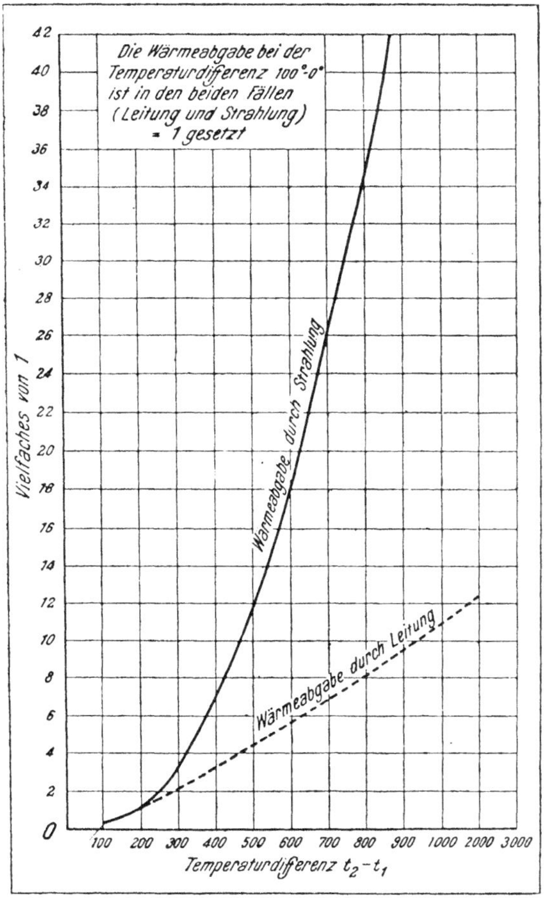

Abb. 18. Wärmeabgabe durch Leitung und Strahlung.

zwischen 100 und 0° C wurde hier gleich 1 gesetzt, so daß die Werte, welche aus dieser graphischen Aufstellung entnommen werden, als Vielfaches von 1 zu betrachten sind.

[1]) Richards, Metallurgische Berechnungen. S. 178. Berlin 1913.
[2]) Bericht über die 34. ord. Hauptvers. d. Ver. deutsch. Fabr. feuerf. Produkte S. 127.

Man ersieht aus der Abb. 18, daß der durch Strahlung abgegebene Wärmebetrag schon bei 800° C beinahe 6 mal soviel ausmacht als bei 300° C. Bei höherer Temperatur wird dieses Verhältnis noch höher.

Die Wärmeabgabe resp. Wärmeübertragung wird im allgemeinen begünstigt:

1. Durch einen großen Temperaturunterschied der wärmegebenden und wärmeaufnehmenden Körper, also allgemein durch eine hohe Temperatur der ersteren. Bezeichnet t den Temperaturunterschied, so steigert sich nach Versuchen von Dulong und Petit bei der Zunahme der Temperaturdifferenz die Geschwindigkeit der Wärmeabgabe in dem Verhältnisse $t^{1,232}$. Hieraus folgt, daß alle jene besprochenen Mittel, welche die Erzielung hoher Verbrennungstemperaturen bewirken, auch die Wärmeabgabe begünstigen.

2. Durch längere Einwirkungsdauer. Die Wärme braucht, wie jeder Bewegungsvorgang (Energie), Zeit zur Fortpflanzung. Je länger daher ein Körper der Einwirkung eines warmen Gasstromes ausgesetzt ist, um so vollkommener nähert er sich dessen Temperatur, und je höher er erhitzt wird, um so langsamer geht die weitere Erwärmung vonstatten. Je länger die Verbrennungsgase innerhalb eines Ofens mit den zu erhitzenden Körpern in Berührung bleiben, desto mehr Wärme können sie an diesen abgeben, desto abgekühlter verlassen sie den Ofen[1]).

3. Durch größere Berührungsfläche zwischen dem wärmeabgebenden und wärmeaufnehmenden Körper.

4. Durch ein größeres Wärmeleitungsvermögen der zu erwärmenden Körper, welche die Wärme zunächst in ihrer äußeren Fläche aufnehmen und nach dem inneren Teile hin fortpflanzen. Wenn Körper von den sie erhitzenden Brennstoffen durch Wandungen getrennt sind (Rekuperatoren), so müssen zur günstigeren Wärmeabgabe die Wandungen so schwach als möglich gehalten werden.

---

[1]) S. Feuerungstechnik Jg. VII, H. 4, S. 31.

[1]) Man darf aus diesem Satze keineswegs den Schluß ziehen, daß für die Wärmeentnahme geringe Gasgeschwindigkeiten von Vorteil sind. Ein solcher Rückschluß wäre falsch. Vielmehr ist das Gegenteil der Fall (vgl. Meyer, Die Wärmetechnik des Siemens-Martinofens. S. 45. Halle a. S. 1909). Wenn man berücksichtigt, daß im obigen Satze die Einwirkungsdauer eine Funktion des zurückzulegenden Weges ist, so ist ohne weiteres klar, daß die Vorzüge der Wärmeabgabe bei großer Geschwindigkeit sich mit dem obigen Satz 2 in Einklang bringen lasse.

5. Durch entgegengesetzte Bewegung der zu erwärmenden und der wärmeabgebenden Körper. Dieser unter dem Namen „Gegenstromgesetz" bekannte Lehrsatz ist von großer Bedeutung für die Wärmeabgabe bei irgendeinem Vorgang. Man erreicht durch die entgegengesetzte Bewegung nicht allein eine längere gegenseitige Einwirkung, sondern man bewirkt auch, daß der Temperaturunterschied zwischen beiden Körpern weniger rasch als im anderen Falle ausgeglichen sind.

Ferner fällt die Wärmeübertragung verhältnismäßig besser aus, je inniger die Berührung, je rauher die Oberfläche der feuerfesten Steine, je größer ihre Leitfähigkeit, ihr Ausstrahlungs- und Absorptionsvermögen ist.

Es sei nun noch zuletzt erwähnt, daß nach neueren Forschungen die Wärmeübergangszahl stark von der Dichte der hindurchgeleiteten Gase abhängig ist. Nusselt hat diesbezüglich die folgende Gleichung aufgestellt:

$$\frac{\alpha_1}{\alpha_2} = \left(\frac{\beta_2}{\beta_1}\right)^{0,7856} .$$

Hier sind α_1 und α_2 die Wärmeübergangszahlen und β_1 und β_2 die entsprechenden Dichten der Gase.

Soweit das Wärmetheoretische.

D. Vergleich zwischen Regenerator und Rekuperator.

Prof. Osann schreibt in seinem Lehrbuch der Eisenhüttenkunde Bd. 1, S. 260 über den Vorgang der Wärmeübertragung in Winderhitzern folgendes:

„In der Windperiode fließt Wärme von den Steinen in den Wind. In der Gasperiode muß dieselbe Wärmemenge wieder in die Steine eingeführt werden. In beiden Fällen handelt es sich also um die gleiche Wärmemenge, aber die Art und Weise der Wärmeübertragung ist ganz verschieden. In der Windperiode geschieht diese hauptsächlich durch Strahlung, der gegenüber man die Wärmeleitung vernachlässigen kann. In der Gasperiode braucht man praktisch nur mit der Wärmeleitung zu rechnen."

Die von Prof. Osann oben geschilderten Verhältnisse lassen sich ohne weiteres auch auf die Wärmerückgewinnungsanlagen (Regeneratoren und Rekuperatoren) übertragen. Demnach geben die Verbrennungsprodukte ihre Wärme durch

Leitung ab, während die Luft die Wärme von den hocherhitzten Steinflächen hauptsächlich durch Strahlung aufnimmt. Vorbedingung für die Wärmestrahlung ist die Fläche eines festen oder flüssigen Körpers, die wärmer ist, als die Umgebung. Für die Abgabe der Wärme aus den Abgasen an das feuerfeste Mauerwerk fehlt diese Vorbedingung; infolgedessen kann diese nicht strahlen. Anders ist es dagegen der Fall, wenn die vorzuwärmende Luft Wärme aus den heißen Steinen aufnimmt.

Ziehen wir nun aus diesen Betrachtungen einen Rückschluß für die Praxis, so stellt sich unter Zugrundelegung eines ganz bestimmten Beispieles heraus:

Beispiel:

Die Abhitze erwärmt das feuerfeste Material der Wärmerückgewinnungsanlage. Einmal ist es ein Regenerator, ein anderes Mal ein Rekuperator. Die Abhitze vermag in beiden Fällen in ein und derselben Zeit dem Mauerwerk der Wärmerückgewinnungsanlage an der Stelle, wo die Abhitze das Mauerwerk berührt, eine Temperatur von beispielsweise 1000° C zu erteilen. Im Falle des Regeneratoren trifft dann die vorzuwärmende Luft eine 1000° C heiße Fläche. Im Falle des Rekuperators jedoch kommt für die Lufterwärmung nicht die Seite des feuerfesten Mauerwerks in Betracht, welche von Feuergasen direkt bespült wurde, sondern die andere gegenüberliegende Seite. Diese Seite ist weniger heiß als die direkt von den Abgasen berührte Seite. Es sei nun angenommen, daß der Temperaturunterschied an beiden Seiten der Rekuperatorwand nur 80° C beträgt.

Es kommt dann beim Regenerator beispielsweise ein Temperaturgefälle von 1000 bis 900° C in Betracht, während für Rekuperatoren dieses Gefälle entsprechend den obigen Betrachtungen beispielsweise 920 bis 820° C gleich sein wird. Die hier anzuwendende Stephansche Gleichung lautet, wie es bereits oben ausgeführt wurde, folgendermaßen:

$$W_2 = \frac{K_2 \cdot q \cdot Z}{10\,000} (T^4 - T_1^4) .$$

Setzen wir den Ausdruck $\frac{K_2 \cdot q \cdot Z}{10\,000} = A$, so haben wir $W_2 = A \cdot (T^4 - T_1^4)$.

Unter T versteht man hier die absolute Temperatur. Man erhält dann in einem Falle $A\,[(1000 + 273)^4 - (900 + 273)^4]$ und im anderen Falle $A\,[(920 + 273)^4 - (820 + 273)^4]$ oder ein Verhältnis von $\frac{572\,A}{735\,A}$. Das ergibt einen Effekt für den Rekuperator, der allein aus diesem Grunde um ca. 20% ungünstiger ist als derjenige des Regenerators.

Ich habe oben zu einer Annahme gegriffen, in der der Temperaturunterschied der beiden Seitenflächen der Rekuperatorwände mit 80° C eingesetzt wurde. Leider sind mir keine auf experimentellem Wege erhaltene Resultate solcher Messungen bekannt. Dieselben lassen sich jedoch berechnen und eine solche Berechnung lasse ich hier folgen:

Beispiel:

Die Stärke der Rekuperatorenwand (Schamotte) sei 7 cm.
Die Temperatur der Abgase möge betragen:

am Eintritt in den Rekuperator . .	1000°
am Austritt aus dem Rekuperator .	450°
Im Mittel	1450° : 2 = 725°

Die Lufttemperaturen mögen die folgenden sein:

am Eintritt in den Rekuperator . .	20°
am Austritt aus dem Rekuperator .	720°
Im Mittel	740° : 2 = 370°.

Die mittlere Temperaturdifferenz $t_1 - t_2$ ist dann gleich:

$$725 - 370 = 355°.$$

Die mittlere Geschwindigkeit der Abgase sei

$$4\text{ m} = 400\text{ cm/sec.}$$

Die mittlere Geschwindigkeit der Luft sei

$$2\text{ m} = 200\text{ cm/sec.}$$

Die Wärmeleitfähigkeit des Schamottematerials beträgt nach Richards[1]) bei hohen Temperaturen 0,0026.

Die Wärmeübergangszahl der Schamotte gegen Gase ist ebenfalls nach Richards[2]) die folgende:

$$0{,}000028\,(2 + \sqrt{v})\,.$$

[1]) Richards, Metallurgische Berechnungen 1913, S. 176.
[2]) Richards, Metallurgische Berechnungen 1913, S. 173.

Demnach ist die Wärmeübergangszahl der Abgase gegen Schamotte

$$\alpha_1 = 0{,}000028\,(2 + \sqrt{400}) = 0{,}000616$$

und die Wärmeübergangszahl der Schamotte gegen die Luft

$$\alpha_2 = 0{,}000028\,(2 + \sqrt{200}) = 0{,}000448\,.$$

Die gesamte Wärmeleitfähigkeit[1]) K beträgt (vgl. auch oben)

$$K = \frac{1}{\frac{1}{\alpha_1} + \frac{1}{\alpha_2} + \frac{d}{\lambda}}$$

dann ist

$$K = \frac{1}{\frac{1}{0{,}000616} + \frac{1}{0{,}00048} + \frac{7}{0{,}0026}} = 0{,}000153\,.$$

Die Wandtemperaturen betragen nach der Hütte[2])

$$\vartheta_1 = t_1 - \frac{k}{\alpha_1}(t_1 - t_2)\,; \qquad \vartheta_2 = t_2 + \frac{K}{\alpha_2}(t_1 - t_2)\,.$$

Daraus berechnet sich die Temperaturdifferenz Δ zwischen den beiden Oberflächen der Rekuperatorwand in irgendeiner mittleren Partie des Rekuperators zu

$$\Delta = t_1 - t_2 \left[1 - \frac{K(\alpha_1 + \alpha_2)}{\alpha_1\,\alpha_2}\right],$$

folglich ist in diesem Falle

$$\Delta = 355 \left[1 - \frac{0{,}000153\,(0{,}000616 + 0{,}000448)}{0{,}000616 \cdot 0{,}000448}\right] = 145^\circ.$$

Meine Annahme für Δ = nur 80° C ist somit gerechtfertigt.

Werden jedoch gleiche (und nicht verschiedene wie oben) Geschwindigkeiten angenommen, so errechnet sich die Temperaturdifferenz zu 105° C.

Für den Effekt der Wärmerückgewinnung spielt, sofern es sich um Rekuperatoren handelt, die Dichtheit der Wände eine besondere Wichtigkeit. Sind nämlich die Wände, welche

---

1) Richards, Metallurgische Berechnungen 1913, S. 176.

2) Hütte, Aufl. 22, Bd. 1, S. 385.

die Luftkanäle von den Rauchkanälen trennen, undicht, so würde infolge des in dem Abgaskanal herrschenden Unterdruckes „falsche Luft" in dieselben gelangen. Je nach dem Sitze der undichten Stellen übt die „falsche Luft" eine verschiedene Wirkung auf den Feuerungseffekt aus. Befindet sich die Undichtigkeit oberhalb der Schaulücke, so findet im Verhältnis der falschen Luft eine Verbrennung eines Teiles des Generatorgases in der Regeneration statt, wodurch hier auf Kosten des Generatorgases eine viel höhere Temperatur entsteht, als es sonst der Fall ist. Tritt jedoch unterhalb der Schaulücke die Luft zu den Abgasen hinzu, so werden dadurch die Abgase verdünnt, wobei der Luftüberschuß eine beträchtliche Wärmemenge mit in den Schornstein führt.

Es sei an dieser Stelle nebenbei bemerkt, daß solche Undichtigkeiten am besten mittels der Gasanalyse festgestellt werden können, und zwar aus der Zunahme des Sauerstoffgehaltes im Abgaskanal resp. des Kohlensäuregehaltes im Luftkanal. Auch durch vergleichende Messungen des Zuges können die undichten Stellen in der Regeneration aufgespürt werden, wodurch allerdings nur gröbere Fehler entdeckt werden können.

Da außerdem bei Rekuperatoren mit einem stärkeren Zuge gearbeitet wird als bei Regeneratoren, so ist die nachteilige Wirkung des Auftretens von Undichtigkeiten um so größer. Die Möglichkeit des Undichtwerdens ist aber im System selbst gegeben.

Bei den Regeneratoren, d. h. Wärmespeichern mit Wechselbetrieb, fällt diese Schwierigkeit fort.

Erfahrungen haben gezeigt, daß bei Wänden, die kontinuierlich beheizt werden, viel leichter Schmelzungen am Schamottematerial vorkommen als bei Öfen, die mit Zugumkehr arbeiten. Bei Regeneratoröfen wird das Schamottematerial nur auf der Ofenhälfte stark beansprucht, auf welcher die Verbrennung erfolgt, und hat dieselbe während der nächsten halben Stunde gewissermaßen Ruhe.

Die Rekuperatoren stellen häufig ein System aus Formsteinen oder besonders geformten Röhren dar. Die Röhren sind aber leicht zerbrechlich; ein zerbrochenes Rohr zwingt dazu, eine Anzahl benachbarter Röhren zu entfernen und wieder einzusetzen. Da die Rekuperatoren im allgemeinen schwer zugänglich sind, so sind Reparaturen solcher Art mit großen Schwierigkeiten verbunden und ohne Außerbetriebnahme eines Ofenblocks unausführbar. Auch diese Schwierigkeiten (Zerbrechlichkeit, schwere Zugänglichkeit usw.) fallen bei Regeneratoren fort.

Bei der Verwendung von Koks aus Unterfeuerungsmaterial, was beinahe bei allen Ofensystemen mit vorgebauten Generatoren geschieht, tritt naturgemäß auch eine größere Verschmutzung des Ofens ein, und es ist unbedingt erforderlich, daß man in ganz bestimmten Zeitintervallen eine gründliche Reinigung vornimmt. Die feinen Koksteilchen im Generator werden durch den Zug mit emporgerissen und rufen vielfach in den Oxydkanälen und an den Oxydschiebern eine Verengung des Querschnittes hervor. Der Flugstaub führt außerdem leicht zur Bildung von Schmelzungen.

Die Wärmeübertragung bei steinernen, mit Rücksicht auf Betriebssicherheit gebauten Rekuperatoren, deren Kanäle sich außerdem leicht mit Flugstaub zusetzen, ist eine ziemlich träge; der Wärmedurchgangskoeffizient pro 1° Temperaturunterschied und 1 qm Heizfläche, der bei 65 mm Steinstärke $k = 5$ bis 6 beträgt[1]), stellt sich hier auf höchstens 1,8 bis 2,4 WE stündlich, bei Rauchgas- und Luftgeschwindigkeiten von 2 bis 3 m/sec. Somit weist der Wärmedurchgangskoeffizient bei den Regeneratoren einen 3 mal höheren Wert auf als bei den Rekuperatoren. Es ist klar, daß dieser träge Wärmedurchgang ganz bedeutend nachteilig auf den thermischen Wirkungsgrad des Rekuperators wirkt, und daß man in den Rekuperatoren keineswegs mit den Vorwärmungstemperaturen der Luft so hoch kommen kann, wie es bei den Regeneratoren der Fall ist.

Auch Berthelot weist den Vorteil der Regeneratoren rechnerisch nach. Er berechnet den Wärmetransmissionskoeffizienten unter Zugrundelegung einer Gasgeschwindigkeit von 2 m/sec und bekommt für den Regenerator eine viel günstigere Wärmetransmissionszone als für den Rekuperator[2]).

Bei Rekuperatoren strömt das Gas resp. die Luft in einem mehr oder weniger breiten Strom längs einer glatten Fläche. Die äußere, dünne Luftschicht, die unmittelbar an der Wand entlang strömt, erwärmt sich dabei rasch. Infolge der schlechten Wärmeleitfähigkeit der Gase läßt sich die Wärme an die inneren Schichten des Luftstromes nur schlecht übertragen. Es muß dann Abhilfe in der künstlichen Zerteilung des Luft-

---

[1]) Feuerungstechnik Jg. I, S. 100.
[2]) Revue de Metallurgie 1, 689. 1914.

stromes usw. gesucht werden, was jedoch unzweifelhaft andere Nachteile mit sich bringt.

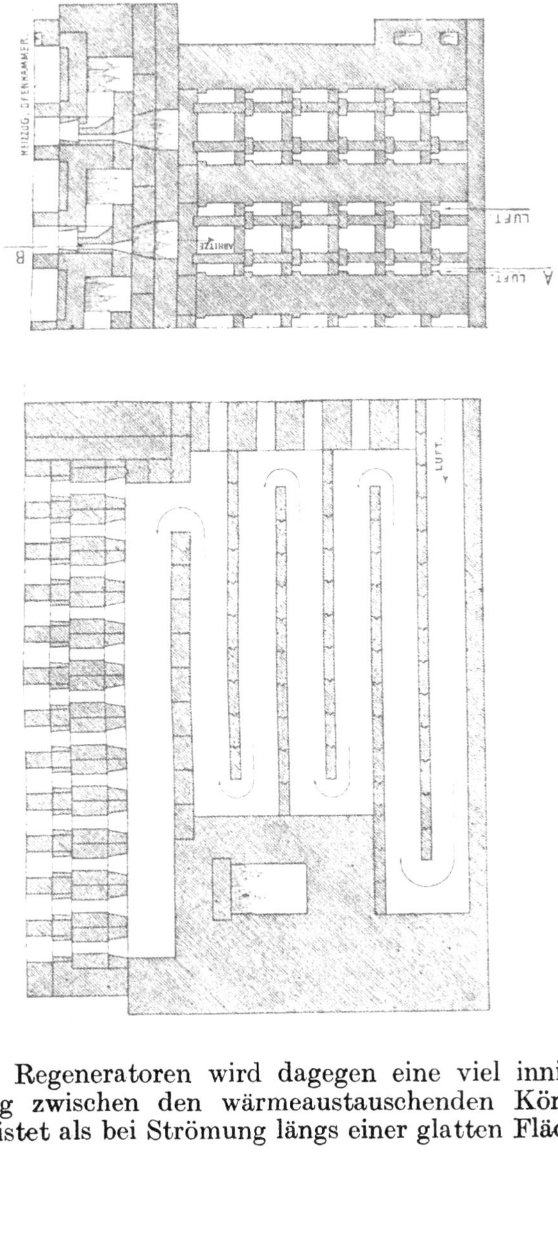

Abb. 19 und 20. Rekuperator in Innsbruck.

Bei Regeneratoren wird dagegen eine viel innigere Berührung zwischen den wärmeaustauschenden Körpern gewährleistet als bei Strömung längs einer glatten Fläche, denn die unmittelbar die Gittersteine berührenden Gasteilchen werden infolge des Aufprallens sehr rasch durch neue, noch nicht so hoch erhitzte Teilchen ersetzt.

Für die gleiche wärmeabgebende Fläche benötigen die Rekuperatoren einen viel größeren Raum als die Regeneratoren. Während bei Regeneratoren die ganze von den Abgasen umspülte Fläche zum Erhitzen der Luft nutzbar gemacht wird, so sind bei den Rekuperatoren in dieser Beziehung die Verhältnisse ungünstiger. In Innsbruck z. B., wo der Rekuperator eine Form hat, wie aus den Abb. 19 und 20 zu ersehen ist, beträgt die von den Abgasen bespülte Fläche 22,5 qm, während die Fläche, an welcher die Luft direkt mit den Rekuperatorwänden in Berührung kommt, nur 13,5 qm beträgt. Dieser Rekuperator nimmt einen Raum von 5,2 cbm ein, während in Wien (Ausführung nach dem Regenerativprinzip) z. B. auf 3,225 cbm Kammerinhalt 95 qm erhitzte, reaktionsfähige Regeneratorfläche enthalten ist.

Den Rekuperatoren haftet, soweit dieselben horizontal ausgebildet sind, ein Nachteil an, der darin besteht, daß sich Asche und Flugstaub auf die einzelnen Röhren sehr leicht legen kann und als schlechte Wärmeleiter von dieser Seite jede Erhitzung verhindern.

Den Regeneratoren wird häufig zur Last gelegt, daß die darin vorzuwärmende Luft bzw. Gas nicht gleichmäßig erhitzt werden und während einer Wechselperiode größere Temperaturschwankungen aufweisen. Inwiefern solche Behauptungen richtig sind, kann man aus den folgenden Zahlen ersehen:

Tafel 2.

Temperaturenverlauf in den Regeneratoren der Kammeröfen des Gaswerkes Budapest.

Zeit	Gasregeneration		Luftregeneration	
	Aufsteigende Seite	Abfallende Seite	Aufsteigende Seite	Abfallende Seite
5 Min. nach dem Umstellen	1033	1050	970	965
10 „ „ „ „	1030	1053	965	975
15 „ „ „ „	1028	1055	961	980
20 „ „ „ „	1025	1058	960	980
25 „ „ „ „	1025	1060	958	980
30 „ „ „ „	1025	1065	956	980

Die Temperatur der Abhitze beim Eintritt in den Schornstein betrug dabei etwa 220°.

Auf dem Gaswerk in Wien wurden folgende Temperaturen in der Regeneration ermittelt:

	Gasgeneration	Luftgeneration
nach 5 Min.	—	1105
„ 10 „	1060	1120
„ 15 „	1070	1125
„ 20 „	1075	1135

An einem Verbundofen (Koksofen mit wahlweiser Beheizung mit Koksofengas resp. Schwachgas, d. i. Generatorgas, Gichtgas usw.) auf der Kokerei „Deutscher Kaiser" in Bruckhausen, dessen Konstruktion sich von der Konstruktion des Regenerativkammerofens fast gar nicht unterscheidet, wurde ein Temperaturabfall in den Regeneratoren im Laufe einer Wechselperiode zu 991 — 964 = 27° C festgestellt.

Auf Friedrich-Wilhelms-Hütte beträgt die Temperaturdifferenz im Wärmespeicher des Verbundofens während einer Wechselperiode 40° C (s. Stahl u. Eisen 1914, Nr. 15).

Auch in den sonstigen guten Koksöfen, die man im allgemeinen als Vorbild des Regenerativkammerofens betrachten kann, in welchen jedoch im Gegensatz zu den Verbundöfen nur die Luft vorgewärmt wird, beträgt die Temperaturdifferenz zwischen jeder Wechselung höchstens 50° C"

So beträgt z. B. der Temperaturabfall an dem Koksofen der Kokerei „Rheinpreußen" 995 — 951 = 44° C, in Spennymoor (England) 951 — 927 = 24° C, auf „Deutscher Kaiser" 1030 — 895 = 35° C.

Man ersieht aus diesen Zahlen zur Genüge, wie minimal die Temperaturschwankungen in den Regeneratoren sind. Eine Erklärung dieser Tatsache ist dadurch gegeben, daß die Regeneratoren ihrer Natur nach Wärmereservoire (Wärmespeicher) mit einem ganz bedeutenden Wärmeabsorptionsvermögen darstellen, so daß bei der Abnahme der Wärme das Gleichgewicht des Regenerators nur wenig gestört wird. Wenn man berücksichtigt, daß eine Temperaturschwankung der vorgewärmten Luft von 50° C eine Schwankung der Flammentemperatur von höchstens 10 bis 15° C zur Folge haben kann, so ist es klar, daß solche Differenzen für die praktische Verbrennung absolut ohne Belang sind.

Ein weiterer Nachteil des Regenerativsystems soll angeblich in dem beim Umsteuern auftretenden Gasverlusten bestehen. Solche Verluste entstehen entweder dadurch, daß für einen Moment eine direkte Verbindung zwischen dem Gaszuleitungskanal und dem Abzugskanal zur Esse eintritt

(Kurzschlußverlust) oder haupsächlich dadurch, daß das im Moment des Wechsels in den Zuleitungskanal zu dem Regenerator und im Regenerator selbst befindliche Gas durch den Schornstein abgesaugt wird (Rückstromverlust). Nach den Feststellungen von F. Eulenstein[1]) sind diese beiden Verluste minimal und berechnen sich nur zu 0,55% der gesamten Heizgasmenge. Wird aber die Beheizung des Ofensystems ein paar Minuten vor dem Umsteuern abgestellt, so fallen auch diese kleinen Verluste fort, vorausgesetzt aber, daß ein Gasbehälter vorhanden ist. Es tritt dabei gleichzeitig auch eine kleine Brennstoffersparnis ein.

Nimmt man zum Vergleich an, daß die Wirkungsweise eines Regenerators analog ist derjenigen eines Hordenkühlers, wie man solche in den Kokereianlagen zum Kühlen des Gases anwendet, während andererseits die Arbeitsweise eines Rekuperators derjenigen eines Röhrenkühlers entspricht, so bekommt man in gröberen Umrissen eine bildliche Darstellung der Vorzüge des Regenerativ- über das Rekuperativsystem. Schließlich sei noch darauf hingewiesen, daß die mit dicken Wandungen und größeren Querschnitten ausgeführten Regeneratoren weitaus betriebssicherer sind als Rekuperatoren.

Die Regenerativfeuerung hat sich in der Industrie, wie oben erwähnt wurde, erst später eingeführt. Die Hauptschwierigkeiten bestanden weniger in den höheren Anlagekosten und in der Betriebserschwerung durch die Umsteuerungsorgane, als in der Tatsache, daß dem Wesen und der Eigenart des Regenerativsystems nicht immer das nötige Verständnis entgegengebracht wurde. Es hat sich gezeigt, daß die höheren Anlage- und Unterhaltungskosten sich in Hinsicht auf die erzielte Brennstoffersparnis schnell bezahlt gemacht haben. Auch die Verbesserungen in den neuen Konstruktionen der Umsteuerungseinrichtungen waren von Einfluß. In verschiedenen Industriezweigen, wie z. B. in der Hütten-, Glas-, Koks- und anderen Industrien hat man das Rekuperativsystem schon längst verlassen, um zu der Regenerativbeheizung überzugehen. In der Leuchtgasindustrie hat man im allgemeinen bis zur letzten Zeit Regenerativöfen nicht eingeführt, weil man sich an den Wechsel in der Beheizung nicht gewöhnen konnte und wahrscheinlich auch, weil man sich von der fühlbaren Wärme des Generatorgases nicht loslösen wollte.

---

[1]) Metallurgie 1912, H. 12.

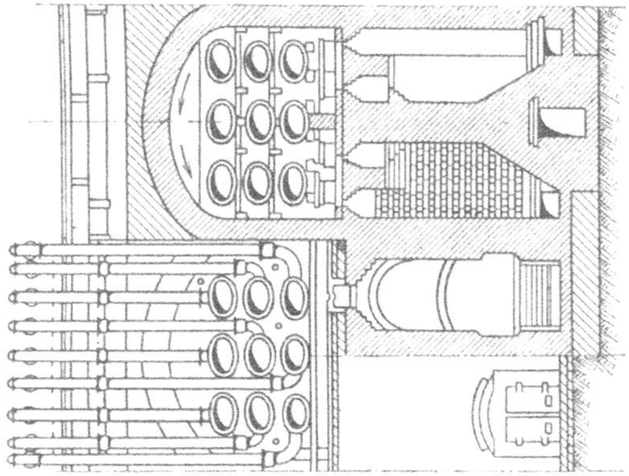

Abb. 22.

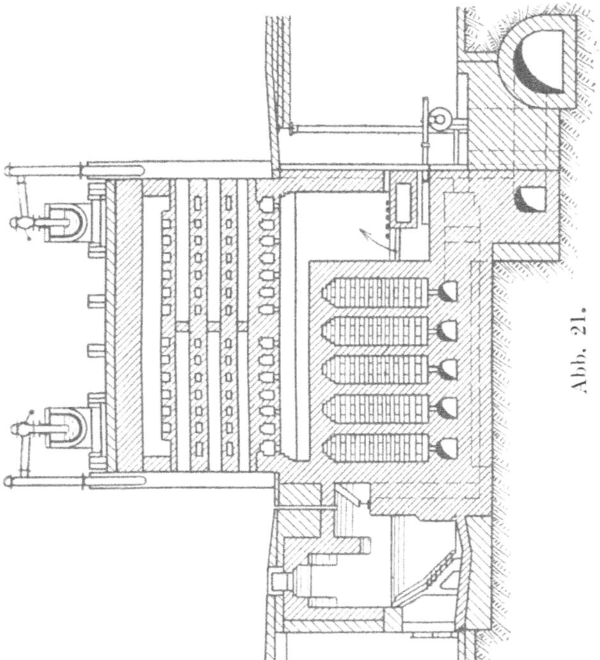

Abb. 21.

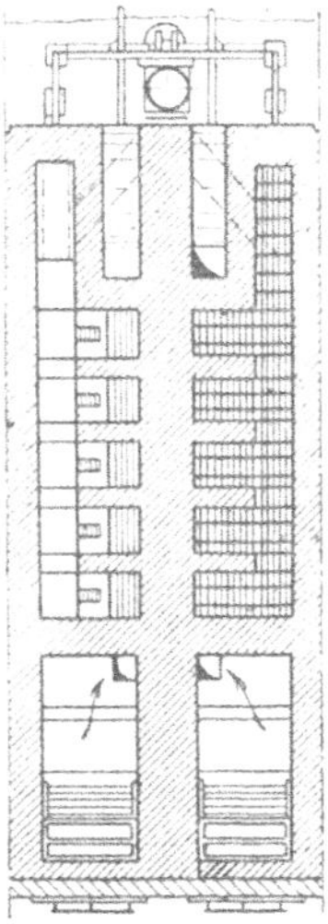

Abb. 24.

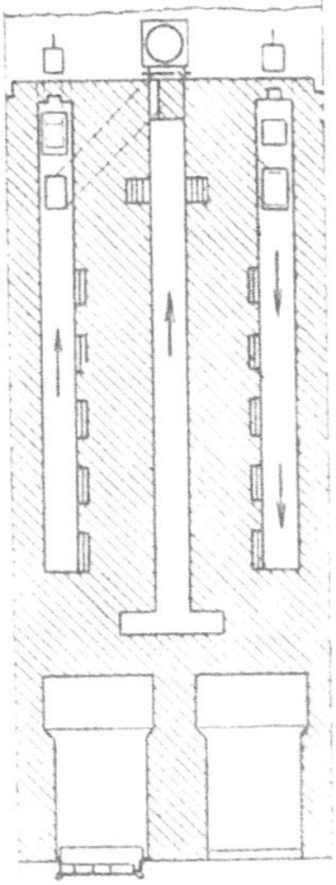

Abb. 23.

Abb. 21—24. Regenerativleuchtgaserzeugungsofen der **Compagnie Parisienne du Gaz.**

Allerdings wurde der erste nach dem Siemensschen Regenerativsystem konstruierte Retortenofen zur Erzeugung von Leuchtgas bereits im Jahre 1860 erbaut. Das ist der

Ofen der Compagnie Parisienne du Gaz[1]), dessen Konstruktion aus den Abb. 21 bis 24 ersichtlich ist. Wie man sieht, ist das ein Ofen mit vorgebauten Generatoren (2 Stück). Das Generatorgas gelangt durch einen langen, unterirdischen Kanal in den Verbrennungsraum und wird heiß verbrannt. Die Luft wird in den unterhalb des Ofens liegenden Regeneratoren vorgewärmt, welche zuvor von den Abgasen umspült wurden. Die Richtung des Gasstromes wird alle 2 Stunden gewechselt. Es wird nur die Verbrennungsluft vorgewärmt, somit bei weitem nicht die ganze in den Abgasen zur Verfügung stehende Wärmemenge nutzbar gemacht. Die Konstruktion der Wärmerückgewinnungsanlage ist im ganzen ziemlich primitiv.

Eine brauchbare nach dem Regenerativprinzip ausgebildete Leuchtgaserzeugungsanlage stellt die von H. Koppers im Jahre 1909 erbaute Kammerofenanlage in Wien dar. Hier wurde sowohl auf die Eigenwärme des Generatorgases verzichtet, als auch der Wechsel in der Beheizung in Kauf genommen. Die in Wien erzielten günstigen Resultate wurden wiederholt in der Fachliteratur erwähnt. Ich komme noch später auf diese Kammeröfen ausführlicher zu sprechen.

Die Kamintemperaturen sind auf den Gaswerken, die fast durchweg mit Rekuperatoren eingerichtet sind, meistens sehr hoch. So beträgt z. B. nach den Literaturangaben die Kamintemperatur in Aschaffenburg[2]) im Mittel 730°, in Stuttgart 527 bis 580°, in Zagreb[3]) 620 bis 640°, in Düsseldorf[4]) 500 bis 600° C usw.

Es ist noch dabei zu berücksichtigen, daß übermäßig hohe Temperaturen im Kamin auch dadurch entstehen können, daß ein Teil des Oxydgases im Rekuperator nachverbrennt, wodurch im Rekuperator selbst hohe Temperaturen resultieren.

Aus diesem Grunde darf man nicht allein aus der hohen Kamintemperatur, ohne die Nebenerscheinungen zu berücksichtigen, Schlüsse auf den Effekt der Regeneration ziehen. Andererseits ist zu bedenken, daß Undichtigkeiten in den

---

[1]) E. Damour, Industrial Furnaces and Methodes of Control. New-York and London 1906, S. 88; Le Chatelier, Introduction à l'étude de la Metallurgie. S. 298. Paris 1912.

[2]) Journal für Gasbeleuchtung und Wasserversorgung 1910, Nr. 38.

[3]) Das neue Gaswerk der freien und kgl. Hauptstadt Zagreb. Festschrift. S. 36.

[4]) Journal für Gasbeleuchtung und Wasserversorgung 1916, Nr. 17.

Rekuperatorwänden niedrige Temperaturen der Abgase im Kamin zur Folge haben können, wie es bereits an einer anderen Stelle ausgeführt worden ist.

Sowohl die Undichtigkeiten als auch die Nachverbrennungserscheinungen lassen sich durch eine Gasanalyse leicht feststellen. Ergibt z. B. die Gasanalyse am Eingang der Regeneratoren eine Zusammensetzung von 15% CO_2 und 10% CO und am Ausgang desselben meinetwegen 19,2% CO_2 und 0% CO, so ist der Beweis dafür gegeben, daß in der Regeneration eine intensive Nachverbrennung stattfindet, die ebenfalls eine Folge der Undichtigkeiten in dem Rekuperator ist.

E. Ausnutzung der Abhitze.[1]

Bei den nach dem Regenerativprinzip gebauten Kammeröfen, bei welchen nicht nur die Verbrennungsluft, sondern auch das Heizgas selbst in den Regeneratoren vorgewärmt wird, treten die Abgase in den Schornstein mit einer Temperatur ein, welche selten 300° übersteigt; so beträgt z. B. die Kamintemperatur auf den Gaswerken: Königsberg rd. 250°, Wien 245° und Budapest 230 bis 265° C; bei rekuperativ beheizten Leuchtgaserzeugungsöfen erreichen dagegen die Kamintemperaturen, wie vorhin ausgeführt doppelte Temperaturhöhe.

Es ist deshalb leicht erklärlich, daß es hier und da versucht wird, die überschüssige Abhitze auf den Gaswerken auf irgendwelche Weise auszunutzen. Wo keine andere Möglichkeit vorliegt (Trocknung, Heizung), wird die Abhitze für Dampferzeugung verwandt.

Pintsch-Bolzöfen[2]) sind z. B. mit einer besonderen Anlage zur Dampferzeugung (Verdampfer) vorgesehen. Dort ist der untere Teil des Schornsteins (Einzelschornsteine) mit einem mantelförmigen Dampfkessel umgeben, wo durch die verhältnismäßig heißen Abgase der für die Generatoren und die Wassergaserzeugung in den Retorten notwendige Dampf erzeugt werden soll. Die Kessel liefern bisher bei einer in Düsseldorf erprobten Anlage den Dampf nicht in genügender Menge, wenn nicht zu diesem Zwecke ausdrücklich eine wesentliche Erhöhung der Unterfeuerung in Kauf genommen wird[3]).

---

[1]) Ausführliches darüber siehe meine neueste Arbeit: L. Litinsky, Die Verwertung der Abhitze der Gaswerksöfen. Feuerungstechnik, Jahrgang XI, 1922/23. Heft 11.

[2]) Journal für Gasbeleuchtung und Wasserversorgung 1916, Nr. 17.

[3]) Journal für Gasbeleuchtung und Wasserversorgung 1915, S. 328.

Es ist klar, daß die Ausnutzung eines Wärmegefälles von beispielsweise 600 bis 300° C unmöglich in dem Maße wirtschaftlich sein kann, wie bei direkter Feuerung, weil bei dem verhältnismäßig geringen Temperaturgefälle die Heizfläche eines Kessels zu groß würde, so daß große Leitungs- und Strahlungsverluste entstehen.

Neuerdings führt die Firma Pintsch diese Dampfentwickler am Schornstein nicht mehr aus. Die Praxis hat somit die problematische Wirtschaftlichkeit der Dampfgewinnung dieser Art bestätigt[1]).

In den nach dem Regenerativsystem ausgebildeten Leuchtgaserzeugungsöfen in Wien wird ebenfalls Dampf erzeugt, aber nicht aus der Abhitze. Hier sind statt der vorgebauten Einzelgeneratoren, die sonst auf den Gaswerken üblich sind, besondere Zentralgeneratoren (Vgl. weiter Abschnitt V) zur Anwendung gelangt, deren Kühlmäntel als Dampfkessel ausgebildet sind, wie es aus der Abb. 25 ersichtlich ist. Der Dampf wird hier nicht allein aus der Eigenwärme des Generatorgases gewonnen, welche sonst höher temperiert ist als die bei Rekuperativöfen aus den Rekuperatoren austretende Abhitze, sondern in der Hauptsache unmittelbar durch die in der Reduktionszone des Generatorgases herrschende hohe Temperatur. Der Effekt eines Dampfkessels steigt nicht proportional der Temperatur, sondern es spielen hier noch andere Erscheinungen eine Rolle. Nach dem oben bereits erwähnten Gesetz von Dulong und Petit steigt die Schnelligkeit der Wärmeübertragung im Verhältnis $t = 1.^{232}$, woraus man ersehen kann, daß höhere Temperaturen für die Dampferzeugung ganz besonders nützlich sind.

Ich habe schon oben ausgeführt, daß bei Leuchtgaserzeugungsöfen (mit Rekuperativfeuerung) die Abhitze in den Schornstein mit einer Temperatur eintritt, die um einige 100° höher ist, als das bei anderen Feuerungen, wie z. B. in Koksöfen, welche nach dem Regenerativsystem arbeiten, der Fall ist.

Die hohe Temperatur der Abhitze ist aber bei den Gaswerksöfen nicht allein auf den ungünstigen Ausnutzungsgrad

---

[1]) Dieses bezieht sich übrigens auf die Verhältnisse auf den Gaswerken Deutschlands, zu Beginn des Jahres 1918; heute (Ende 1922) hat sich auch in dieser Hinsicht vieles geändert. Wenn auch die Abhitzeverwertung bei Gaswerköfen mit Einzelschornsteinen noch jetzt im allgemeinen problematisch bleibt, so erscheint die Prüfung der Verhältnisse in einzelnen Fällen immerhin als geboten.

der Abwärme in der Wärmerückgewinnungsanlage — in diesem Falle im Rekuperator — zurückzuführen, sondern es spielen dabei auch andere Faktoren eine gewisse Rolle, so z. B. die Zusammensetzung des Heizgases, der davon ab-

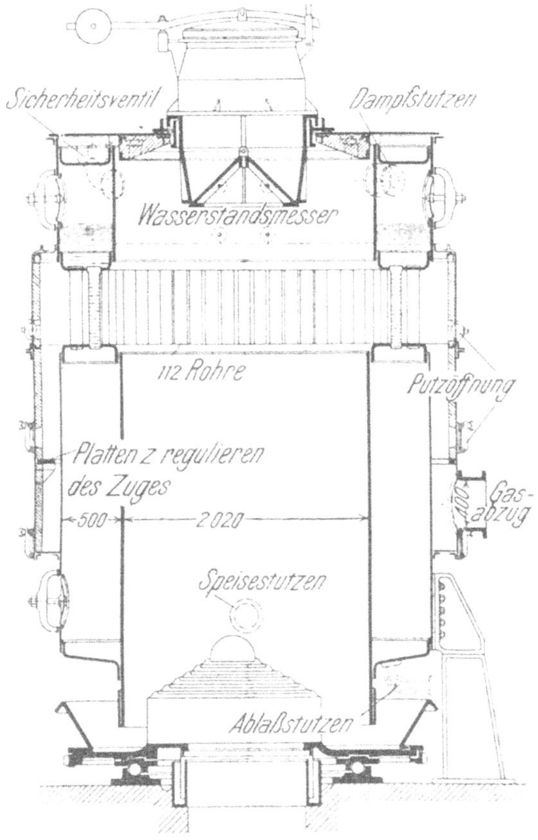

Abb. 25. Generator mit Wasserdampferzeugung im Dampfmantel.

hängige Bedarf an Verbrennungsluft, die Eigenwärme des Heizgases, welche dadurch bedingt wird, daß die Generatoren direkt an die Gaserzeugungsöfen angeschlossen sind, ferner das Verhältnis der Abhitzemengen zu den Verbrennungsmengen bei verschiedenen Gasen usw.

Die mittlere Zusammensetzung eines in einem eingebauten Generator erzeugten Generatorgases sei die folgende:

$$\left.\begin{array}{ll} H_2 & = 8{,}00\% \\ CO & = 22{,}00\% \\ CO_2 & = 8{,}00\% \\ N_2 & = 62{,}00\% \end{array}\right\}\ \text{unterer Heizwert 876 WE.}$$

$$\overline{100{,}00\%}\,.$$

Bei einem Überschuß von 15% beträgt der Luftbedarf pro Kubikmeter Generatorgas von obiger Zusammensetzung 0,82 cbm.

Die Verbrennungsprodukte aus 1 cbm Generatorgas bestehen aus:

H_2O-Dampf	0,080 cbm
CO_2	0,300 ,,
N_2	1,270 ,,
O_2	0,020 ,,
	1,670 cbm.

Wird noch der Feuchtigkeitsgehalt des Generatorgases in Betracht gezogen (60 g H_2-Dampf pro Kubikmeter Gas), so erhöht sich der Wasserdampfgehalt der aus 1 cbm des Generatorgases entstandenen Verbrennungsprodukte um 0,075 cbm, so daß die Verbrennungsprodukte eine folgende Zusammensetzung aufweisen:

H_2O-Dampf	0,155 cbm
CO_2	0,300 ,,
permanente Gase . .	1,272 ,,
	1,727 cbm.

Der Wärmeinhalt der Verbrennungsprodukte beträgt bei 1000° C

$$(0{,}155 \cdot 553{,}3) + (0{,}300 \cdot 617{,}7) + (1{,}272 \cdot 364{,}6) = 735\ \text{WE}\,.$$

Zur Vorwärmung der für die Verbrennung des kalten Generatorgases nötigen Luft (0,82 cbm Luft pro Kubikmeter Gas) von 50° C auf 1000° C werden benötigt $0{,}82 \cdot (331{,}4 - 15{,}3) = 260$ WE + 40 WE für die Vorwärmung des in der Luft enthaltenen Wasserdampfes, also insgesamt 300 WE.

Von der gesamten der Regeneration zur Verfügung stehenden Wärmemenge können also bei Generatorgasfeuerungen, bei welchen durch die in der Abhitze enthaltene Wärme nur die Verbrennungsluft vorgewärmt wird, $\frac{300}{735}$ = theoretisch nur 40% ausgenutzt werden, vorausgesetzt, daß der Wirkungsgrad der Regeneration = 1 gesetzt wird.

Wird noch die dem Generatorgas innewohnende Eigenwärme in Betracht gezogen, welche bei 800 bis 900 ° C rd. 25 % des Heizwertes des Gases ausmacht, so stellt sich das obige Verhältnis noch ungünstiger und wird vielleicht nur 30 bis 32 % betragen.

In der Praxis ist diese Zahl häufiger noch kleiner.

Aus einem mir von der Dessauer Vertikal-Ofen-Gesellschaft zur Verfügung gestellten Bericht der Lehr- und Versuchsgasanstalt des Deutschen Vereins von Gas- und Wasserfachmännern über die Unterfeuerungsversuche, auf den Gaswerken der Imperial-Continental-Gas-Association, Berlin, Gitschinerstraße, Schöneberg und Hannover ausgeführt, entnahm ich eine Tabelle über Wärmeverteilung in Öfen, die ich hier im Auszuge folgen lasse:

Tafel 3.
Wärmebilanz der Öfen der Imperial-Continental-Gas-Association.

Wärmeverteilung	WE pro cbm Generatorgas		
	Berlin, Gitschiner Straße	Schöneberg	Hannover
Zugeführte Wärmemenge in WE.			
1. Im heißen Koks in den Generator . .	76	78	78
2. In Unterluft und Dampf regeneriert .	67	49	62
3. Bildungswärme des Generatorgases .	178	287	178
4. Verbrennungswärme des Generatorgases	1166	1083	1209
5. In der Oberluft regeneriert	237	270	238
Im Ofen verfügbar: A	1724	1767	1765
Abgeführte Wärmemengen in WE.			
6. In Gas, Teer, Gaswasser	187	165	165
7. Im heißen, nicht verfeuerten Koks .	278	254	257
8. In den Verbrennungsgasen (eing. Reg.)	625	770	911
9. Strahlungs- und Leitungsverlust des Oberbaues	858	500	354
Verschiedenes (in WE).			
10. In den Verbrennungsgasen enthalten:			
a) am Eingang der Regeneration . .	625	770	911
b) vor dem Wasserschiff	465	630	—
c) hinter dem Wasserschiff	358	462	479
11. Zur eigentlichen Destillation aufgewandt:			
a) Gas, Teer, Gaswasser	178	164	159
b) heißer, nicht verfeuerter Koks . .	278	254	257
c) heißer, verfeuerter Koks	76	78	78
	532	496	494

Zieht man nun in dieser Tabelle die in den Rubriken 2, 3, 4 und 5 angegebenen Zahlen in Betracht, so sieht man, daß die gesamte im Rekuperator wiedergewonnene Wärme einschließlich Wasserdampfbildung (Rubriken 2 und 5) von der gesamten eingeführten Wärme (Rubriken 3 und 4) für die drei Gaswerke beträgt:

Berlin, Gitschinerstraße	23%
Schöneberg	24%
Hannover	22%.

Dieser ungünstigen Wärmerekuperation entspricht auch der hohe Unterfeuerungsverbrauch, welcher in Berlin 14,6%, in Schöneberg 16,2% und in Hannover 16,7% beträgt.

Anders gestalten sich die Verhältnisse bei Feuerungen, wo für die Beheizung ein anderes Gas angewendet wird, wie z. B. bei Koksöfen.

Eine mittlere Zusammensetzung des Koksofengases sei:

$$\left.\begin{array}{lr} H_2 & = 52{,}3\% \\ CH_4 & = 24{,}8\% \\ CO & = 5{,}6\% \\ C_2H_4 & = 1{,}7\% \\ C_6H_6 & = 0{,}4\% \\ CO_2 & = 2{,}5\% \\ N_2 & = 12{,}7\% \\ \hline & 100{,}0\% \end{array}\right\} \text{unterer Heizwert dieses Gases ist 4000 WE.}$$

Die Verbrennungsprodukte von 1 cbm Koksofengas sind wie folgt zusammengesetzt:

H_2O — Dampf .	1,065 cbm
CO_2	0,387 ,,
N_2	3,748 ,,
O_2	0,130 ,,
zusammen	5,330 cbm.

Da das Koksofengas mit etwa 30° C unter den Ofen kommt und bei dieser Temperatur mit Wasserdampf gesättigt ist (30 g H_2O Dampf pro Kubikmeter Gas), so erhöht sich der Wasserdampfgehalt der Verbrennungsprodukte um 0,037 cbm, so daß die Abgase eine folgende Zusammensetzung aufweisen:

1,102 cbm H_2O-Dampf
0,387 cbm Kohlensäure
3,878 cbm permanente Gase.

Es wird angenommen, daß auch in diesem Falle die Abgase in die Regeneration mit einer Temperatur von 1100° C gelangen. Der Wärmeinhalt der verschiedenen Bestandteile beträgt nach Bunte, zum Gaskursus München 1912, S. 73:

für Wasserdampf . .	553,3
für Kohlensäure . . .	617,7
für permanente Gase	364,6.

Die in den Abhitzegasen enthaltenen Wärmemengen berechnet man sich demnach zu $(1{,}102 \cdot 553{,}3) + (0{,}387 \cdot 617{,}7) + (3{,}878 \cdot 364{,}6) = 2262$ WE pro Kubikmeter Koksofengas werden bei einem Luftüberschuß von 15% 4,74 cbm Luft benötigt. Die Luft soll von 50° C auf 1000° erhitzt werden. Der Wärmeinhalt der Luft bei 1000° C ist 331 und bei 50° C 15 WE pro Kubikmeter gleich.

Es werden somit zum Erhitzen der Luft auf die gewünschte Temperatur $4{,}740 \cdot (331 - 15) = 1498$ WE benötigt. Es kommen noch 202 WE als Zuschlag für die Erhitzung der in der Luft enthaltenen Feuchtigkeit hinzu. Somit wird für die Erhitzung der Luft 1700 WE benötigt. In der Regeneration werden also ausgenutzt $\frac{1698}{2262} = \text{rd. } 70\%$ der gesamten zur Verfügung stehenden Wärme, während für das Generatorgas diesen Verhältnissen vorhin zu 40 resp. 32% ermittelt wurde.

Allein aus dieser Gegenüberstellung zwischen Generatorgas und Koksofengas lassen sich die hohen Temperaturen der Abhitze auf den Gaswerken erklären, welche noch dadurch höher werden, weil in Gaswerken allgemein mit Rekuperatoren gearbeitet wird, die aus den oben angeführten Gründen einen ungünstigeren thermischen Nutzeffekt aufweisen als die in wärmetechnischer Hinsicht vollkommeneren Regeneratoren. Die hohen Kamintemperaturen auf den Gaswerken sind somit nicht allein auf die Anwendung von Rekuperatoren zurückzuführen, sondern sie hängen einerseits mit der Zusammensetzung des Heizgases und andererseits mit der Tatsache zusammen, daß auf den Gaswerken das Heizgas nicht besonders vorgewärmt wird, sondern bereits in heißem, durch seine Eigenwärme bedingten Zustande zur Verbrennung gelangt.

Nach den vorhin auf Grund theoretischer Erwägungen herbeigeführten Vergleich zwischen den beiden Systemen der Wärmerückgewinnung kamen die thermischen Vorteile der Regeneratoren deutlich zum Ausdruck. Auch konnte festgestellt werden, daß die Regeneratoren in größerem Maße den auf S. 88 aufgezählten Anforderungen der Wärmeübertragung entsprechen als die Rekuperatoren. Ein weiterer Beweis der wärmetechnischen Überlegenheit der Regeneratoren liefert die Tatsache, daß z. B. die Rekuperativ-Koksöfen (Semet-Solvay und andere, auch neuere Konstruktionen) höhere Kamintemperaturen aufweisen als die Regenerativ-Koksöfen. So verläßt z. B. die Abhitze bei den heute in Betrieb befindlichen Koksöfen mit Rekuperatoren die letzteren mit einer Temperatur von 490 bis 550° C, während dagegen bei guten Regenerativ-Koksöfen die Temperatur der Abgase beim Austritt aus den Regeneratoren höchstens 350° C beträgt. Mit anderen Worten ist bei der Anwendung des gleichen Heizgases in demselben pyrometrischen Prozeß die Wärmeausnutzung bei den Regeneratoren günstiger als bei den Rekuperatoren. Tatsächlich findet man Rekuperativ-Koksöfen in der Industrie nur vereinzelt vor.

Es würden sich die Verhältnisse bei einem Leuchtgaserzeugungsofen in wärmetechnischer Hinsicht viel ökonomischer gestalten, wenn außer der Verbrennungsluft auch das Heizgas (Generatorgas) durch die Wärme der Abgase vorgewärmt worden wäre. Das geschieht im allgemeinen in den Gaswerken nicht, weil das Generatorgas bereits im Generator eine Temperatur von 800 bis 900° C erhält und mit dieser Temperatur in den Verbrennungsraum gelangt. Es wird eben auf den Gaswerken auf die Eigenwärme des Generatorgases nicht verzichtet; ob mit Recht, ist eine Frage, die einer besonderen Prüfung bedarf. Es kommt noch hinzu, daß bei der Anwendung von Schwachgasen (Generatorgas usw.) ihre Vorwärmung für die Durchführung solcher Prozesse wie die Kohlendestillation unumgänglich ist, diese Vorwärmung jedoch in Rekuperatoren wegen der damit verbundenen, oben geschilderten Verluste mit Schwierigkeiten verbunden ist.

Koppers verzichtet, wie es später gezeigt wird, in seinen Regenerativkammeröfen auf die Eigenwärme des Heizgases, indem er in den Generatoren Dampf erzeugt, so daß das Generatorgas die Generatoren mit einer Temperatur von nur etwas über 200° C verläßt. Das Generatorgas wird dann noch zwecks Entfernung von Flugstaub und evtl. von Teer gewaschen und wird dann nebst der Luft in Regeneratoren vorgewärmt.

F. Unterfeuerungsverbrauch.

Den besten Maßstab zur Beurteilung des Effektes eines Gaserzeugungsofens und somit auch der Güte seiner Regeneration bildet natürlich seine Unterfeuerungszahl, d. i. die pro Kilogramm der entgasten Kohle verbrauchte Brennstoffmenge. Keine Betriebszahl ist jedoch aus den Literaturangaben so schwierig zu ermitteln wie die Unterfeuerungszahl. In den meisten Fällen sind das Angaben von besonderen Versuchen, also Paradezahlen, die nicht immer ganz einwandfrei sind. Bedenkt man, daß ein Unterschied in der Unterfeuerungszahl von nur 1% für ein mittleres Gaswerk eine Gasersparnis von rd. 20 000 bis 25 000 ℳ.[1]) betragen kann, so sind die Bemühungen, den Unterfeuerungsverbrauch möglichst niedrig anzugeben, recht begreiflich. Direkte Betriebszahlen findet man dagegen in der Literatur nur selten.

Die Unterfeuerungszahl wird einmal pro Kubikmeter erzeugtes Gas und einmal pro Kilogramm der entgasten Kohle angegeben, wobei aber über den Wasser- und Aschegehalt sowie überhaupt über die Art der Kohle und andererseits über die Art des Betriebes (z. B. trockener oder nasser Betrieb bei Retortenöfen usw.) nicht immer Angaben vorhanden sind. Auch ist aus den Literaturangaben nicht immer zu ersehen, ob für die Unterfeuerung Koks aus derselben Kohle verwendet wird, die in der Retorte entgast wurde, oder ein Koks von einer anderen Qualität dazu genommen wird.

Kohle mit einem hohen Sauerstoffgehalt (junge Kohle) benötigt zur Durchführung des Destillationsprozesses anderer Wärmemengen, als Kohle mit niedrigerem Sauerstoffgehalt. Eben aus diesem Grunde wäre bei der Angabe des Unterfeuerungsverbrauches auch die Zusammensetzung der Steinkohle sehr erwünscht, was ebenfalls nicht immer geschieht.

Im „Technischen Zentralanzeiger für Berg-, Hütten- und Maschinenwesen, Kohle und Erz“ 1913, S. 2182, befindet sich eine von B. Simmersbach verfaßte „Zusammenfassende Übersicht des Verbrauches an Heizkohlen bei nahezu 400 deutschen Gasanstalten“.

Die in diesen Tabellen enthaltenen Angaben beruhen allerdings zum weitaus größten Teil auf direkten Angaben der Gemeinden. Der Unterfeuerungsverbrauch ist jedoch leider

[1]) Ende 1918.

pro je 100 cbm des erzeugten Gases angegeben, ohne daß dabei auf den Heizwert resp. die Qualität des Gases Rückschluß gezogen werden kann.

Auch die Abhängigkeit von der Festigkeit des verwendeten Kokses bzw. von der verwendeten Kohlensorte und von der Kokskörnung muß in der Bewertung der Unterfeuerung berücksichtigt werden.

Von Wichtigkeit ist auch, zu erfahren, auf welche Weise die Unterfeuerungsziffer ermittelt wurde. Die Unterfeuerungszahl, was ebenfalls nicht immer aus den Literaturquellen zu ersehen ist, kann nämlich nach mehreren Methoden festgestellt werden:

a) Nach der Zahl der für die Unterfeuerung verwendeten Chargen, nachdem die Koksausbeute mit der sog. Tiegelprobe im Laboratorium oder in der Versuchsanstalt bestimmt ist;
b) indem der verkäufliche vom Ofenbetrieb erhaltene Koks festgestellt wird;
c) der Unterfeuerungskoks wird gewogen, sein Wassergehalt nach Probenahme im Laboratorium bestimmt usw.

Differenzen von 5% des Kohlengewichtes zwischen dem Ergebnis dieser drei Methoden sind ohne weiteres möglich.

Ob die Angabe des Unterfeuerungsverbrauches in Wärmeeinheiten pro vergaste Wärmeeinheit in der Kohle oder erzeugte Wärmeeinheit im Gas resp. in Prozenten des reinen Kohlenstoffverbrauches pro vergasten Kohlenstoff und dazugehöriges Wasser resp. pro dem im Gas enthaltenen Kohlenstoff zweckmäßig wäre, muß dahingestellt werden. Meines Erachtens wäre es angebracht, wenn man sich dahin einigen würde, den Unterfeuerungsverbrauch in Wärmeeinheiten pro Kilogramm Rohkohlen anzugeben. Auf jeden Fall ließe sich in solchen Fällen ein besserer Vergleich zwischen verschiedenen Gaserzeugungsöfen ziehen.

Da jedoch einerseits, wie aus dem oberen ersichtlich, die Unterfeuerungszahl keine zuverlässigen Werte darstellt und der Unterfeuerungsverbrauch andererseits nicht unwesentlich auch von der Ofenkonstruktion selbst (also nicht nur von dem System der Wärmeregeneration allein) abhängig ist, so muß man für die Beantwortung der Frage „Regenerator oder Rekuperator" noch andere Momente hinzuziehen.

Es wurden vorhin verschiedene solcher Momente vom theoretischen und praktischen Standpunkt aus bereits zur Genüge berücksichtigt. Am besten läßt sich jedoch ein Vergleich zwischen den beiden Systemen der Wärmerückgewinnung herbeiführen, indem einmal eine vollständige Wärmebilanz eines regenerativ beheizten Gaserzeugungsofens und ein anderes Mal eine solche für einen Rekuperativofen aufgestellt wird. Insbesondere muß dabei auch geprüft werden, welchen von den beiden untenfolgenden Fällen in wärmetechnischer Hinsicht der Vorzug zu geben wäre.

Fall I: Regenerativprinzip.

Es wird auf die Ausnutzung der Eigenwärme des heißen Generatorgases im Ofen verzichtet; in dem Generatormantel wird Dampf erzeugt; das abgekühlte Generatorgas wird nach der Reinigung vom Flugstaub in Regeneratoren neben der Luft kräftig vorgewärmt.

Fall II: Rekuperativprinzip.

Die Eigenwärme des Generatorgases wird beibehalten; die hochtemperierte Abhitze wird nur zum Vorwärmen der Verbrennungsluft benutzt; die überschüssige Wärme in den Abhitzegasen wird auf irgendwelche Weise, z. B. zur Dampferzeugung, benutzt.

Im folgenden will ich versuchen, Leuchtgasöfen verschiedener Systeme wärmetechnisch zu untersuchen und zu vergleichen.

G. Wärmebilanz eines Regenerativleuchtgasofens.

Fall I: Regenerativprinzip (Kammeröfen, System Koppers in Wien).

Die Konstruktion der Kammeröfen lehnt sich im allgemeinen an die der Regenerativkoksöfen, System Koppers, an. Da jedoch die Kammeröfen nicht mit hochwertigem Destillationsgas, wie dieses bei Koksöfen der Fall ist, sondern mit Schwachgas (Generatorgas usw.) beheizt werden, so waren in Kammeröfen grundlegende Änderungen durch die Notwendigkeit, das Generatorgas vorzuwärmen, bedingt.

Die Öfen werden mit staubfreiem Generatorgas aus einer Zentral-Generatorenanlage beheizt. Die Kühlmäntel der Generatoren sind als Dampfkessel ausgebildet, wie das die Abb. 25 auf S. 103 zeigt. An diesen Mantelkesseln wird der für den nassen Betrieb der Generatoren, sowie das Unterwindgebläse, Speisewasserpumpe und die Maschine der Staubreinigungsanlage notwendige Dampf erzeugt und es bleibt noch ein Dampfüberschuß.

Die Lehr- und Versuchsgasanstalt des Deutschen Vereins von Gas- und Wasserfachmännern an der Technischen Hochschule in Karlsruhe hat an den von Koppers in Wien erbauten Regenerativkammeröfen in eingehenden Versuchen u. a. folgende Zahlen ermittelt:

Generatoren.

	Versuch I	Versuch II
Kohlendurchsatz (Dombrau) mit 2,73% Feuchtigkeit und 9,39% Asche	483,122 kg	
Koksverbrauch 24 Std. feucht	71,150 kg	69,810 kg
Koksverbrauch 24 Std. trocken	60,950 kg	58,105 kg
Heizwert des Kokses	6,619 WE	6,561 WE
In die Generatoren eingeblasene Wasserdampfmenge	19,900 kg	18,440 kg
Dampfüberdruck	2,81 Atm.	
Wärmeinhalt des Wasserdampfes	655 WE	
Kohlenstoffgehalt des Kokses	79,24%	78,85%
Schlackenmenge in 24 Std.	6,190 kg	4,670 kg
Gehalt der Schlacke an Verbrennlichem	5,86%	4,64%
Ausgewaschene Flugstaubmenge in 24 Std.	102,8 kg	166,0 kg
Mittlere Analyse des Generatorgases	CO_2 3,65%	32,97%
	CO 29,12%	kohlenstoffhaltige Gase
	CH_4 0,20%	
	H_2 9,88%	
	O_2 0,20%	
	N_2 56,95%	
	100,00%	
Aus der Analyse errechneter Heizwert des Generatorgases	1154 WE	
Abgangstemperatur des Generatorgases	245° C	272° C
Mittlere Temperatur der Außenluft	20° C	
Gehalt des Generatorgases an Wasserdampf	41,32 g/cbm	
Im Dampfmantel des Generators verdampfte Wassermengen pro 24 Std.	105,015 kg	99,090 kg
Temperatur des Speisewassers	18° C	
Dampfüberdruck	5,57 Atm.	
Dampftemperatur	162° C	
Wärmeinhalt des Dampfes	655 WE	
In den Kondenstöpfen abgeschiedene Wassermenge 24 Std.	5530 kg	

Öfen.

Temperatur des Generatorgases bei Eintritt in die Regeneration	37° C
Temperatur der Luft beim Eintritt in die Regeneration	30° C
Temperatur des Generatorgases beim Austritt aus der Regeneration in die Brenner	1072° C
Temperatur der Oberluft ebenda	1110° C
Die Abgase verlassen die Regeneratoren mit	268° C
Die Verbrennungsgase enthalten im Mittel	$CO_2 = 19{,}0\%$
	$N_2 + O_2 = 81{,}0\%$
	100,00%.

Auf Grund dieser Zahlenwerte läßt sich eine Wärmebilanz der Generatoren und der Öfen folgendermaßen aufstellen:

Generatoren.

Die in die Generatoren eingeführte Wärmemenge setzt sich aus der im Koks und im Dampf enthaltenen Wärme zusammen:

Im Koks sind enthalten	60950 · 6619 =	403,426 Mill. in WE
Im Unterdampf sind enthalten	19900 · 665 =	13,034 Mill. in WE
	insgesamt sind eingeführt	416,460 Mill. in WE.

Die dem Generator zugeführten Wärmemengen verteilen sich auf:

1. den Heizwert des Gases,
2. auf seinen Wärmeinhalt,
3. auf das verdampfte Speisewasser und
4. auf die Verluste im Flugstaub und in der Schlacke.

1. Die dem Heizwert des entstandenen Generatorgases entsprechende Wärmemenge wird folgendermaßen ausgerechnet:

Die in den Generator zwecks Vergasung eingeführte Kohlenstoffmenge beträgt

$$\frac{60\,950 \cdot 7924}{100} = 48\,299 \text{ kg}.$$

Der Vergasung werden entzogen:

Kohlenstoff in der Schlacke	$\frac{6190 \cdot 5{,}86}{100} =$	363 kg
Kohlenstoff in der Flugasche		103 ,,
	insgesamt	466 kg

Es wurden somit vergast:

$$48\,299 - 466 = 47\,833 \text{ kg Kohlenstoff.}$$

1 cbm kohlenstoffhaltiges Gas enthält 0,536 kg Kohlenstoff.

Im Kubikmeter des Generatorgases, welches 32,97% kohlenstoffhaltiges Gas hat, sind demnach enthalten:

$$\frac{32{,}97 \cdot 0{,}536}{100} = 0{,}176719 \text{ kg Kohlenstoff}.$$

Die erzeugte Generatorgasmenge ist demnach gleich

$$\frac{47\,833}{0{,}176719} = 270\,675 \text{ cbm}.$$

Im Heizwert des Generatorgases sind somit ausgebracht:

$$270\,675 \cdot 1154 = 312{,}358 \text{ Mill. WE}.$$

2. Der Wärmeinhalt des Generatorgases wird wie folgt ausgerechnet:

Im Generatorgas ist Wasserdampf enthalten, und zwar 41,32 g = 0,04132 kg/cbm, das sind, auf die ganze Gasmenge umgerechnet:

$$270\,675 \cdot 0{,}04132 = 11\,185 \text{ kg}.$$

Die gesamte Generatorgasmenge setzt sich dann folgendermaßen zusammen:

1. $\frac{270\,675 \cdot 3{,}65}{100} = 9\,880$ cbm CO_2
2. $270\,675 - 9880 = 260\,795$ perm. Gase
3. $\frac{11\,185}{0{,}8045} = 13\,903$ cbm H_2O-Dampf

284 578 cbm.

Die Wärmekapazität der einzelnen Bestandteile des Generatorgases bei seiner Abgangstemperatur (225° C) beträgt unter Zuhilfenahme der Tabelle 1 im Anhang (S. 180)

für CO_2 . . . . . 94 WE
für perm. Gase . . 70 „
für H_2O-Dampf . . 88 „ .

Dementsprechend berechnet sich der Wärmeinhalt des Generatorgases zu

1. $9\,880 \cdot 94 = 938\,720$ WE
2. $260\,795 \cdot 70 = 18\,255\,650$ WE
3. $13\,903 \cdot 88 = 1\,223\,464$ WE

20 417 834 WE.

Es kommt noch die latente Wärme des vom Generatorgas mitgeführten Wasserdampfes hinzu. Dieselbe ist gleich

$$11{,}185 \cdot 537 = 6{,}007 \text{ Mill. WE},$$

so daß der Wärmeinhalt des Generatorgases dann

$$20{,}417 + 6{,}007 = 26{,}424 \text{ Mill. WE}$$

beträgt.

3. Im verdampften Wasser sind wiedergewonnen:

$$105\,015 \cdot (655 - 18) = 66{,}894 \text{ Mill. WE}.$$

Da jedoch in den Kondenstöpfen eine nicht unbeträchtliche Wasserdampfmenge abgeschieden wurde, welche allem Anschein nach nicht als kondensierter Wasserdampf betrachtet werden dürfe, sondern nur als erhitztes Wasser angesehen werden konnte, so erhält die obige Zahl folgende Korrektur:

$$5530 \cdot 637 - 5530 \cdot 143 = 2{,}732 \text{ Mill. WE},$$

die in Abzug gebracht werden müssen.

In Dampfform sind somit

$$66{,}894 - 2{,}732 = 64{,}162 \text{ Mill. WE}$$

wiedergewonnen.

4. Im Flugstaub und in der Asche sind an Wärme enthalten:

$$466 \cdot 8100 = 3{,}774 \text{ Mill. WE}.$$

Man erhält somit folgende Wärmebilanz der Generatoren:

Eingeführt:		
Im Heizwert des Kokses	403,426 Mill. WE	96,8%
im Unterdampf	13,034 „ „	3,2%
	416,460 Mill. WE	100,0%
Abgeführt:		
Im Heizwert des Gases	312,358 Mill. WE	75,0%
im Wärmeinhalt des Gases	26,424 „ „	6,3%
im verdampften Speisewasser	64,162 „ „	15,4%
im Flugstaub und Schlacke	3,774 „ „	0,9%
sonstige Verluste	9,742 „ „	2,4%
	416,460 Mill. WE	100,0%

Auf dieselbe Weise läßt sich die Bilanz für den zweiten Versuch aufstellen. Man erhält für den zweiten Versuch folgendes:

Eingeführt:		
Im Heizwert des Kokses	381,230 Mill. WE	96,8%
im Unterdampf	12,078 „ „	3,2%
	393,308 Mill. WE	10,0%
Abgeführt:		
Im Heizwert des Gases	296,070 Mill. WE	75,2%
im Wärmeinhalt des Gases	25,124 „ „	6,4%
im verdampften Speisewasser	63,120 „ „	16,0%
im Flugstaub und Schlacke	3,856 „ „	1,0%
sonstige Verluste	5,138 „ „	1,4%
	393,308 Mill. WE	100,0%

Im Mittel aus beiden Versuchen erhält man:

Eingeführt:

Im Heizwert des Kokses	392,328 Mill. WE	96,8%
im Unterdampf	12,556 „ „	3,2%
	404,884 Mill. WE	100,0%

Abgeführt:

Im Heizwert des Gases	304,215 Mill. WE	75,1%
im Wärmeinhalt des Gases	25,774 „ „	6,3%
im verdampften Speisewasser	63,642 „ „	15,7%
im Flugstaub und Schlacke	3,815 „ „	1,0%
sonstige Verluste	7,440 „ „	1,9%
	404,884 Mill. WE	100,0%

Mithin nutzbar gemacht rd. 91%.

Öfen.

Die Berechnung wird durchgeführt, indem von 1 cbm Generatorgas ausgegangen wird. 1 cbm Generatorgas von der oben angegebenen Zusammensetzung benötigt zur Verbrennung theoretisch 0,1975 cbm Sauerstoff oder 0,9405 cbm Luft. Es entstehen dabei folgende Verbrennungsprodukte:

0,3297 cbm CO_2
0,1028 cbm H_2O
1,13125 cbm N_2.

In diesem ohne Luftüberschuß verbrannten und aus 1 cbm entstandenen, trocknen Abgasen beträgt der Gehalt an Kohlensäure:

$$\frac{0,3297 \cdot 100}{(0,3297 + 1,3125)} = 20,1\% .$$

Die durchschnittliche Analyse der Rauchgase ergab jedoch:

$$CO_2 = 19,0\%$$
$$N_2 + O_2 = 81,0\%$$
$$100,0\% .$$

Aus der Gegenüberstellung des theoretischen und des praktischen Kohlensäuregehaltes der Abgase kann man feststellen, daß der Luftüberschuß 5,8% beträgt. Dementsprechend erhöhen sich der theoretische Luftbedarf und die theoretische Verbrennungsproduktenmenge um je

$$\frac{0,9405 \cdot 5,8}{100} = 0,0545 \text{ cbm} .$$

Die Verbrennungsgase führen noch Feuchtigkeit mit. Die Menge derselben entspricht der Dampftension, der Temperatur und dem Sättigungsgrad des abgekühlten Generatorgases und der Sekundärluft und beträgt 0,0385 cbm pro Kubikmeter Generatorgas.

Die Verbrennungsgase setzen sich somit zusammen:

CO_2 =		0,3297 cbm
Permanente Gase	= 1,3125 + 0,0545 =	1,3670 cbm
Wasserdampf	= 0,1028 + 0,0385 =	0,1413 cbm
		1,8380 cbm

Wir wollen nun ermitteln[1]):

1. Die vom Generatorgas in den Regeneratoren aufgenommene Wärme,

2. die von der Verbrennungsluft in den Regeneratoren aufgenommene Wärme und

3. die durch den Schornstein verlorengehende Wärmemenge.

Das Generatorgas wird vorgewärmt von 37° C auf 1072° C. Das entspricht einer Temperatursteigerung von 1035° C. 1 cbm des Generatorgases besteht aus 0,0365 cbm CO_2 und 0,9635 cbm permanente Gase und führt entsprechend seinem Sättigungsgrad 0,032 cbm Wasserdampf mit.

Die vom Generatorgas in den Regeneratoren aufgenommene Wärmemenge ist gleich

0,0365 · 570 =	21 WE
0,9635 · 343 =	331 ,,
0,0320 · 512 =	16 ,,
	368 WE

oder auf 24 Stunden bezogen

$$368 \cdot 270\,675 = 99{,}608 \text{ Mill. WE}.$$

2. 1 cbm Generatorgas benötigt praktisch 0,9405 + 0,0545 = 0,9950 cbm Luft, welche entsprechend ihrer Sättigungstemperatur 0,010 cbm Wasserdampf mitführt. Die Luft wird vorgewärmt von 30° auf 1110° C, somit ist die Temperatursteigerung gleich 1080° C. Die von der Luft in den

[1]) Der Wirkungsgrad des Regenerators läßt sich schlecht ermitteln, weil außer der in den Abhitzegasen enthaltenen Wärme ein gewisser Betrag den Regeneratoren durch Strahlung aus dem Oberbau zugeführt wird. Dieser Betrag ist unbekannt.

Regeneratoren aufgenommene Wärmemenge berechnet sich dann zu:

$$
\begin{aligned}
0{,}9950 \cdot 358 &= 356 \text{ WE} \\
0{,}0100 \cdot 451 &= \underline{\quad 6 \text{ ,,}} \\
\text{insgesamt } & 362 \text{ WE}
\end{aligned}
$$

pro Kubikmeter Generatorgas oder

$$362 \cdot 270\,675 = 97{,}984 \text{ Mill. WE}$$

auf 24 Stunden bezogen.

Es werden somit in den Regeneratoren zurückgewonnen:

a) durch Gasvorwärmung . . . . 99,608 Mill. WE
b) durch die Luftvorwärmung . . 97,984 Mill. ,,
zusammen 197,592 Mill. WE

das sind

$$\frac{197\,592 \cdot 100}{104\,884} = 48{,}5\%$$

der gesamten eingeführten Wärme.

Der Schornsteinverlust berechnet sich zu

$$
\begin{aligned}
0{,}3297 \cdot 115 &= 37{,}9 \text{ WE} \\
0{,}1413 \cdot 106 &= 15{,}0 \text{ ,,} \\
1{,}3670 \cdot 54 &= \underline{73{,}8 \text{ ,,}} \\
\text{zusammen } & 126{,}7 \text{ WE}
\end{aligned}
$$

das sind in 24 Stunden

$$126{,}7 \cdot 270\,675 = 34{,}295 \text{ Mill. WE oder } 8{,}5\%$$

der gesamten in die Regeneration eingeführten Wärmemenge.

H. Wärmebilanz eines Rekuperativleuchtgasofens.

Fall II: Vertikal - Retortenöfen, System Pintsch-Bolz in Zagreb (Agram).

Im Gegensatz zum Fall I (Regenerativprinzip, vgl. Abschnitt IV G, S. 111) möge in diesem Abschnitt das Rekuperativ-System vergleichend untersucht werden. Die Konstruktion und die Arbeitsweise der Öfen dieses Systems ist aus der einschlägigen Literatur[1]) zur Genüge bekannt, so daß ich eine Beschreibung derselben mir ersparen kann.

[1]) Journal für Gasbeleuchtung und Wasserversorgung 1916, Nr. 16 und 17; Chr. Bolz, Über die Wirtschaftlichkeit von Vertikalofenanlagen und ein neues Großvertikalofensystem. München 1909; R. Oldenbourg. Das neue Gaswerk der freien und kgl. Hauptstadt Zagreb. Festschrift zur XXXI. Hauptversammlung des Vereines der Gas- und Wasserfachmänner von Österreich.

Bekanntlich sind diese Öfen nach dem Rekuperativprinzip ausgebildet.

Die für die Aufstellung der Wärmebilanz dieser Öfen notwendigen unten folgenden Zahlenwerte und Angaben entnehme ich der Schrift von Prof. Sander und Ing. Schönstein, Das neue Gaswerk der freien und kgl. Hauptstadt Zagreb. Einige fehlende Zahlen wurden mir von der Erbauerin der Anlage in Zagreb, der Firma Julius Pintsch, Aktiengesellschaft, Berlin, ergänzend zur Verfügung gestellt.

Es ist in bezug auf diese Öfen folgendes ermittelt worden:

Generatoren.

Kohlendurchsatz (Karwin) mit 3,03% Feuchtigkeit und 0,74% Asche in 24 Std.	22,481 kg
Koksverbrauch, trocken, in 24 Std.	3,115 kg
Heizwert des Kokses	6,500 WE
Kohlenstoffgehalt des Kokses	83%
Aschengehalt des Kokses	12,6%
Schlackenmenge in 24 Std.	393 kg
Gehalt der Schlacken an Verbrennlichem	10%
Die dem Generator in 24 Std. zugeführte Dampfmenge ist	1,869 kg
Der Wärmeinhalt des Dampfes, welcher im Wasserschiff erzeugt wird und folglich nicht gespannt ist, wird eingesetzt mit	637 WE
Der nicht zersetzte Anteil des Dampfes beträgt	30%
Das entspricht, auf 24 Std. umgerechnet	560 kg

Durchschnittliche Generatorgasanalyse:

$$\left.\begin{array}{ll} CO_2 & = 9{,}1\% \\ CO & = 20{,}2\% \end{array}\right\} \text{29,3\% kohlenstoffhaltige Gase}$$

$$\begin{array}{ll} H_2 & = 10{,}0\% \\ N_2 + O_2 & = 60{,}7\% \\ \hline \text{zusammen} & 100{,}0\% \end{array}$$

Aus der Analyse errechneter Heizwert des Generatorgases	869 WE
Austrittstemperatur des Gases aus dem Generator	900 °C

Öfen.

Lufttemperatur	20 °C
Austrittstemperatur der Sekundärluft aus dem Rekuperator	805 °C
Eintrittstemperatur der Verbrennungsgase in den Rekuperator	885 °C
Austrittstemperatur der Verbrennungsgase aus dem Rekuperator	630 °C
Schornsteintemperatur	475 °C
Im Wasserschiff durch Abhitze erzeugte Dampfmenge in 24 Std.	1,869 kg
Kohlensäuregehalt der Rauchgase	17%

Die Rechnung gestaltet sich nun folgendermaßen:

Generatoren.

Im Koks sind enthalten	3 115 · 6 500 =	20,247 Mill. WE
Im Dampf sind enthalten	1 869 · 637 =	1,191 Mill. „
insgesamt sind eingeführt:		21,438 Mill. WE.

Die eingeführte Wärmemenge verteilt sich auf:
1. den Heizwert des Gases,
2. den Wärmeinhalt desselben,
3. Verlust in der Schlacke,
4. Verlust im Generatorprozeß selbst.

1. Die in die Generatoren eingeführte Kohlenstoffmenge beträgt

$$\frac{3115 \cdot 83}{100} = 2{,}585 \text{ kg} .$$

In den Schlacken sind enthalten

$$\frac{393 \cdot 10}{100} = 39 \text{ kg} ,$$

Es werden somit vergast 2,546 kg C.

In einem Kubikmeter Generatorgas sind 29,3% C-haltige Gase enthalten, folglich

$$\frac{29{,}3 \cdot 0{,}536}{100} = 0{,}157 \text{ C} .$$

Die erzeugte Gasmenge ist dann

$$\frac{2\,546}{0{,}157} = 16\,210 \text{ cbm} .$$

Im Heizwert des Gases sind somit ausgebracht:

$$16\,210 \cdot 869 = 14{,}086 \text{ Mill. WE} .$$

2. Die erzeugte Gasmenge setzt sich zusammen aus

$$\frac{16\,210 \cdot 9{,}1}{100} = 1\,475 \text{ cbm } CO_2 ,$$

$$16\,210 - 1\,475 = 14\,735 \text{ cbm perm. Gase}$$

$$\frac{560}{0{,}8045} = 696 \text{ cbm } H_2O\text{-Dampf}$$

zusammen 16,906 cbm.

Der Wärmeinhalt des Generatorgases ist dann bei 900° C

$$1\,475 \cdot 475 = 700\,625 \text{ WE}$$
$$14\,735 \cdot 296 = 4\,361\,560 \text{ ,,}$$
$$696 \cdot 429 = 298\,584 \text{ ,,}$$
$$5\,360\,769 \text{ WE} = 5{,}361 \text{ Mill. WE} .$$

Es kommt noch die latente Wärme des Wasserdampfes hinzu, das sind 696 · 537 = 0,374 Mill. WE

zusammen 5,735 Mill. WE.

3. Der Verlust in der Schlacke beträgt

$$39 \cdot 8\,100 = 0{,}316 \text{ Mill. WE}.$$

4. Verlust im Generator selbst (der Rest) = 1,730 Mill. WE.

Die Generatorbilanz ist dann die folgende:

Eingeführt:

Im Heizwert des Kokses	20,247 Mill, WE	94,5%
im Wärmeinhalt des Unterdampfes	1,191 Mill. WE	5,5%
	21,438 Mill. WE	100%

Abgeführt:

Im Heizwert des Generatorgases	14,086 Mill. WE	65,7%
im Wärmeinhalt des Generatorgases	5,735 „ „	26,7%
Kohlenstoff in Schlacken	0,316 „ „	1,5%
sonstige Verluste	1,301 „ „	6,1%
	21,438 Mill. WE	100%

Öfen.

Ein Kubikmeter des Generatorgases von der umstehend angegebenen Zusammensetzung benötigt theoretisch 0,151 Kubikmeter O_2 oder 0,719 cbm Luft und liefert folgende Verbrennungserzeugnisse:

0,293 cbm CO_2
0,100 „ H_2
1,175 „ N_2.

Der CO-Gehalt beträgt hier (in den trockenen Abgasen)

$$\frac{0{,}293 \cdot 100}{0{,}293 \cdot 1{,}175} = \infty\ 20\%.$$

Die Rauchgasanalyse ergab jedoch 17% CO_2. Folglich beträgt der Luftüberschußkoeffizient = 17,6%.

Der wirkliche Luftbedarf ist dementsprechend

$$0{,}719\,(100 + 17{,}6) = 0{,}846 \text{ cbm}.$$

und der Luftüberschuß 0,846 — 0,719 = 0,137 cbm bezogen auf 1 cbm Generatorgas.

Die Menge der aus 1 cbm Generatorgas entstandenen Verbrennungsgase erhöht sich somit um diesen (0,137 cbm) Betrag.

Die Verbrennungsgase enthalten noch Feuchtigkeit. Dieselbe stammt aus

1. der Verbrennung des H_2 zu H_2O $= 0{,}100$ cbm.

2. dem Feuchtigkeitsgehalt des Generatorgases, da sind $\frac{560}{16{,}210} = 0{,}035$ kg $= 3{,}5$ g/cbm

$$= \frac{35}{0{,}8045 \cdot 1000} = 0{,}043 \text{ cbm.}$$

3. dem Feuchtigkeitsgehalt der Luft; bei 20° C und 60° C Sättigung . . . . $= 0{,}010$ cbm

zusammen 0,153 cbm.

Bei der Verbrennung von 1 cbm Generatorgas mit einem Luftüberschuß von 17,6% entstehen somit folgende Verbrennungsgase:

$$1{,}175 + 0{,}137 = 1{,}312 \text{ cbm perm. Gase}$$
$$0{,}153 \text{ cbm } H_2O\text{-Dampf}$$
$$0{,}293 \text{ cbm } CO_2$$

Die Wärme der Abgase wird ausgenützt:

a) zum Vorwärmen der Sekundärluft[1]),

b) zum Erzeugen von Wasserdampf.

a) Die Sekundärluft wird erhitzt von 20° auf 805° C; die Luftmenge $= 0{,}846$ cbm pro Kubikmeter Generatorgas. Die Luft führt noch 0,010 cbm H_2O-Dampf.

Der Wärmeinhalt der Luft ist dann

$$0{,}846\,(263 - 6) = 217{,}4$$
$$0{,}010\,(375 - 8) = 3{,}6$$

221,0 WE pro Kubikmeter Generatorgas

oder

$$16{,}210 \cdot 221 = 3{,}582 \text{ Mill. WE}$$

auf 24 Stunden bezogen.

b) In Dampfform werden in 24 Stunden wiedergewonnen:

$$1{,}869 \cdot 637 = 1{,}191 \text{ Mill. WE}.$$

Insgesamt werden wieder gewonnen:

$$3{,}582 + 1{,}191 = 4{,}773 \text{ Mill. WE}$$

oder $\frac{4\,773 \cdot 100}{21\,438} = 22{,}3\%$ der gesamten in den Generator eingeführten Wärmemenge.

---

[1]) Siehe Anmerkung auf S. 117.

In den Schornstein gehen unausgenutzt:

$$\left.\begin{array}{l}0{,}293 \cdot 217 = \\ 0{,}153 \cdot 201 = \\ 1{,}312 \cdot 151 = \end{array}\right\} 292 \text{ WE} \cdot 16210 = 4{,}733 \text{ Mill. WE}$$

gleich 22,0% der gesamten in die Generatoren eingeführte Wärmemenge.

Ein Vergleich zwischen den beiden hier untersuchten Fällen wird durch folgende Schaubilder (Abb. 26 und 27) erleichtert.

Im Einklang mit den Schaubildern steht in beiden Fällen auch der Unterfeuerungsverbrauch.

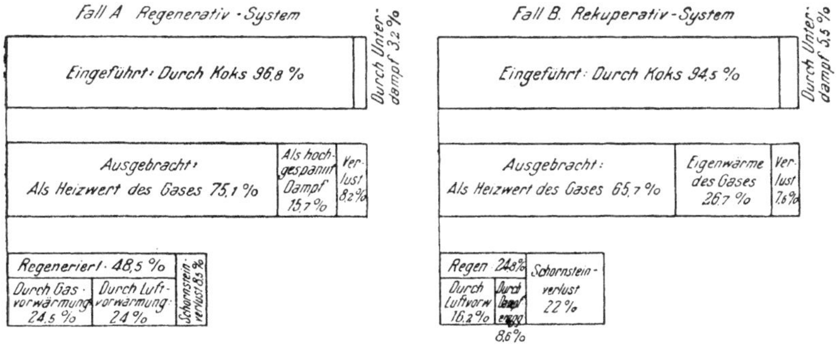

Abb. 26. Wärmeverteilung in % der gesamten in den Generator eingeführten Wärmemenge.

Derselbe berechnet sich für Wien (Regenerativsystem) und Zagreb/Agram (Rekuperativsystem) auf Grund der ermittelten Zahlen folgendermaßen:

	Wien Fall A	Zagreb Fall B
Kohlendurchsatz in 24 Std.	483,122 kg	22,481 kg
Feuchtigkeitsgehalt der Kohle	2,73%	3,03%
Aschegehalt der Kohle	9,39%	8,74%
Verbrauch an trockenem Rohkoks in 24 Std.	59,527 kg	3,115 kg
Dasselbe in Prozent des Kohlendurchsatzes	12,3%	13,9%
Verbrauch an Reinkoks in 24 Std. . . .	48,854 kg	2,723 kg
Dasselbe in Prozent des Kohlendurchsatzes	**10,1%**	**12,1**
Verbrauch in Kilogramm-Kohlenstoff . .	47,050 kg	2,585 kg
Dasselbe in Prozent des Kohlendurchsatzes	9,7%	11,5%
Verbrauch in Wärmeeinheiten (in Koksform) pro Kilogramm Kohle	**778** WE	**903** WE
Somit ein Mehrverbrauch im Falle B von	—	+ **15%**

Für das Regenerativsystem rseultiert somit ein bedeutend niedrigerer Unterfeuerungsverbrauch. Ein weiterer Vorteil des Falles A ist noch der, daß hier die Möglichkeit geboten wird, den kleinstückigen (10 bis 25 mm Korn) und daher billigeren Koks zu verarbeiten.

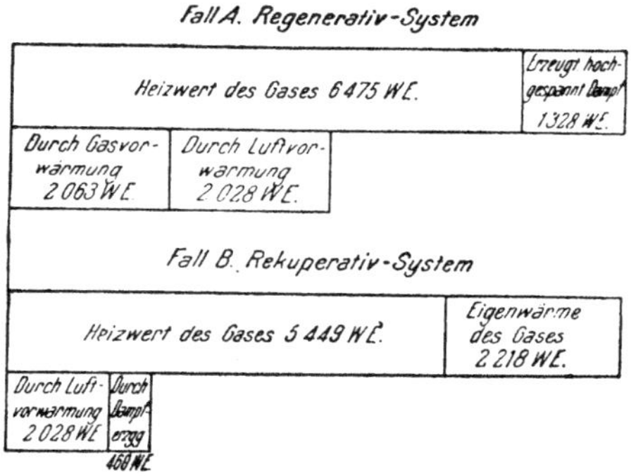

Abb. 27. Nutzbar gemachte WE, bezogen auf 1 kg des in die Generatoren eingeführten Kohlenstoffes.

Bei der Beurteilung dieser Ergebnisse ist noch zu berücksichtigen, daß die Versuche in Wien 22 Monate nach der Inbetriebnahme stattgefunden haben, während in Zagreb der Zwischenraum zwischen der Inbetriebsetzung und der Ausführung der Versuche nur etwa 3 bis 4 Monate betrug.

I. Zusammenfassung.

1. Unter Regeneratoren versteht man zweiräumige Wärmerückgewinnungsanlagen mit intermittierendem, abwechselndem Betrieb. Rekuperatoren sind dagegen einräumige Wärmerückgewinnungsanlagen, und sie setzen einen kontinuierlichen, stetigen Betrieb voraus. Ferner ist für die Rekuperatoren die Trennungswand zwischen dem Weg der Verbrennungserzeugnisse und des vorzuwärmenden Gases (Luft, Heizgas usw.) kennzeichnend. In den Gaswerken werden die Rekuperatoren fälschlicherweise oft mit „Regeneration" bezeichnet. Ein Ersatz dieser lateinischen Worte durch zweckentsprechende, allgemein verständliche Ausdrücke wäre sehr zu wünschen.

2. Die heißen Flächen einer Wärmerückgewinnungsanlage (Regenerator, Rekuperator) geben ihre Wärme an die vorzuwärmenden Gase durch Strahlung ab. Diese Art der Wärmeabgabe steigt mit der vierten Potenz der Temperatur der wärmeabgebenden Flächen, welche bei Regeneratoren höher ist als bei Rekuperatoren, weil die Trennungswand zwischen den beiden wärmeaustauschenden Medien einen Temperaturabfall auf der einen Seite der Rekuperatorwand bewirkt. Bei Regeneratoren dagegen fehlt eine solche Trennungswand;

aus diesem Grunde sind die Regeneratoren in wärmetechnischer Hinsicht vollkommener.

3. Die Rekuperatoren werden leicht undicht, wodurch Wärmeverluste entstehen. Die Rekuperatoren sind im Gegensatz zu den Regeneratoren, welche nach jedem Wechsel sich gewissermaßen ausruhen können, dauernd mit hochtemperierten Abgasen beladen, daher treten hier leicht Schmelzungen ein. Besonders bei Anwendung von ungereinigtem Gas, was bei vorgebauten Generatoren der Fall ist, kommen in den Rekuperatorkanälen leicht Flugstaublagerungen und sonstige Verschmutzungen vor, welche den Wärmeaustausch ungünstig beeinflussen. Die Entfernung des Flugstaubes aus dem Heizgas hat eine Schonung des feuerfesten Materials zur Folge. Die Rekuperatoren sind schwer zugänglich, darum sind die Reparaturen derselben mit Schwierigkeiten verbunden. Bei Regeneratoren tritt die Notwendigkeit der Reparaturen viel seltener ein; außerdem sind sie leichter zugänglich.

4. Für die gleiche wärmeabgebende Fläche benötigen Rekuperatoren einen größeren Raum als Regeneratoren. Während das Verhältnis der von der vorzuwärmenden Luft bestrichenen Fläche zu der von den Verbrennungsgasen bespülten Fläche bei Rekuperatoren weit unter 1 ist, so ist es bei Regeneratoren = 1.

5. Es liegt im Wesen des Rekuperators, daß derselbe eine gleichmäßige Verbrennung bewirkt. Aber auch bei Regeneratoren sind die Temperaturschwankungen während einer Wechselperiode nur unbedeutend und die Gleichmäßigkeit der Verbrennung wird dabei kaum beeinträchtigt. Auch die Gasverluste beim Umstellen sind beim Regenerativsystem minimal.

6. Auf den nach dem Rekuperativsystem (und das sind die meisten) ausgebildeten Gaswerken wird im allgemeinen nur die Verbrennungsluft vorgewärmt, weil das Generatorgas mit der ihm innewohnenden Eigenwärme im Ofen verbrannt wird. Von der in den Abgasen enthaltenen ausnutzbaren Energiemenge wird somit höchstens nur die Hälfte verwertet, daher die hohe Kamintemperatur auf den Gaswerken; die andere Hälfte ist vollkommen ausreichend, um gegebenenfalls außer der Luft auch abgekühltes, gereinigtes Heizgas in den Regeneratoren kräftig (über 1000° C) vorzuwärmen, was jedoch bei Rekuperatoren sonst nicht geschieht. Die Zusammensetzung des Generatorgases bringt es mit

sich, daß die Abhitze genug Wärme enthält, um die Luft und das Gas selbst vorzuwärmen. Bei anderen Gasen (z. B. Koksofengas, Leuchtgas usw.) gestalten sich die Verhältnisse anders: dort reicht die Abhitze aus, um nur die Verbrennungsluft vorzuwärmen.

7. Die in der neueren Zeit erbauten Regenerativ-Kammeröfen weisen Kamintemperaturen von nur 230 bis 260° C auf. Hier wird das Generatorgas in einem Zentralgenerator erzeugt, vom Flugstaub durch Waschen befreit und gekühlt. Die fühlbare Wärme des Gases geht dadurch verloren, der Verlust wird jedoch durch Erzeugung von hochgespanntem Dampf in dem Kühlmantel des Generators sowie durch bessere Heizgasqualität gedeckt. Die in der zweiten Hälfte des vorigen Jahrhunderts eingeführte Regenerativbeheizung auf den Gaswerken (Paris) zeigt, daß in diesem Falle dem Regenerativsystem kein genügendes Verständnis entgegengebracht wurde.

8. Die Verwendung der aus dem Rekuperator austretenden Abhitze für Dampferzeugung ist unwirtschaftlich, hat im Durchschnitt eine Temperatur von 500° C und setzt deshalb große Heizflächen voraus, außerdem liefert sie nur niedrig gespannten Dampf. Die von einigen Ofenbaufirmen für die Erzeugung des Dampfes auf diese Weise getroffenen Einrichtungen werden nicht mehr ausgeführt.

9. Die in die Literatur gelangenden Unterfeuerungszahlen gestatten keineswegs einen einwandfreien Vergleich zwischen verschiedenen Ofensystemen zu ziehen. Am besten läßt sich dagegen ein solcher Vergleich durch die Aufstellung von Wärmebilanzen herbeiführen.

10. Es sind solche Wärmebilanzen für die beiden Systeme (regeneratives und rekuperatives) aufgestellt worden, und es wurde dabei gefunden, daß in wärmetechnischer Hinsicht der Regenerativ-Kammerofen einem rekuperativ beheizten Retortenofen überlegen ist. Für den Regenerativofen stellt sich der Unterfeuerungsverbrauch um zirka 15% niedriger, es läßt sich in diesem Falle außerdem schlechterer und daher billigerer Koks verwenden.

Die sich auf das rekuperative System beziehenden Zahlen wurden an einem Ofen kurz nach seiner Inbetriebnahme festgestellt. Bei längerer Betriebsdauer treten die Undichtigkeiten in den Rekuperatoren in größerem Maßstabe auf und der Unterfeuerungsverbrauch steigt dementsprechend ganz beträchtlich, so daß unter solchen Verhältnissen der Unterfeuerungsverbrauch des Rekuperativofens unter Umständen bis zu 30 und mehr Prozent höher als derselbe des Regenerativofens.

Ich habe mir von vornherein die Aufgabe gestellt, die Frage „Regenerator oder Rekuperator" vom wärmetechnischen Gesichtspunkte aus zu prüfen. Die obigen Betrachtungen geben allen Grund zur Behauptung, daß die Anwendung des Regenerativsystems auch für die Leuchtgasindustrie wärmeökonomischer werden kann, als das in den meisten Gaswerken übliche Rekuperativsystem, welches übrigens in vielen anderen Industrien bereits verlassen wurde.

Wie sich die Wirtschaftlichkeit der Regenerativanlage zu den Anlagekosten verhält, wie sich die Verhältnisse mit der Größe der Leuchtgasanlage gestalten, inwiefern und in welchem Maße die Rentabilität des einen oder des anderen Systems von den Anlage- und Unterhaltungskosten abhängt usw., das sind alles Fragen, die in den Rahmen der vorliegenden Arbeit um so weniger gehören, als diese Abhandlung gleichzeitig ein Glied in eine Serie meiner anderen Arbeiten darstellt, die ebenfalls sich nur mit der wärmetechnischen Seite verschiedener industrieller Ofenanlagen befaßt haben.

Die Prüfung der in diesem Abschnitt behandelten Fragen vom wirtschaftlichen Standpunkt aus bleibt einer anderen Arbeit vorbehalten.

V. Einzelgenerator oder Zentralgenerator in Gaswerken[1].

A. Einleitung.

Wie in jeder anderen Industrie gibt es auch in der Gasindustrie eine Reihe von Problemen, mit welchen sich die angesehensten Gasfachleute ununterbrochen beschäftigen: Retorte oder Kammer, Regenerator oder Rekuperator, periodischer oder stetiger Betrieb der Leuchtgaserzeugungsöfen,

[1]) Vortrag, gehalten vom Verfasser dieses Buch in der 69. Hauptversammlung des Vereins Sächsisch-Thüringscher Gas- und Wasserfachmänner am 24. Mai 1922 in Friedrichsroda. Vgl. auch: Gas- und Wasserfach 1922, Heft 39.

ein- oder zweimaliger Schichtwechsel in 24 Stunden, Silika- oder Schamottematerial für Gaserzeugungsöfen, Erzeugung von Wassergas in dem Destillationsraum selbst oder in besonderen Anlagen usw. Dies sind alles Fragen, die sich nicht ohne weiteres beantworten lassen, sondern von Fall zu Fall geprüft und nur im Zusammenhang mit anderen Fragen des einen oder anderen Gaswerksbetriebes untersucht bzw. gelöst werden können. Ebenso steht es mit der Frage: Einzelgenerator oder Zentralgenerator, vor deren Beantwortung in der letzten Zeit die Gaswerksleiter immer häufiger gestellt werden. Wenn auch diese Frage sich nicht generell beantworten läßt, so will ich wenigstens versuchen, diejenigen wichtigsten Momente herauszugreifen und zu beleuchten, die in jedem einzelnen Falle bei der Entscheidung für das eine oder andere System maßgebend sind.

In allen Fällen, wo hohe Temperaturen von großer Gleichmäßigkeit erzielt werden müssen, benutzt man Öfen mit Generatorfeuerung; die Generatoröfen haben gegenüber den Öfen mit direkter Feuerung den besonderen Vorteil, daß sich im Ofenraum die Hitze durch Anwendung des gasförmigen in den Schächten erzeugten Brennstoffes bequem und leicht verteilen läßt.

In der Gasindustrie haben die Generatoren die direkte Feuerung, die sich jetzt nur noch vereinzelt, und zwar nur bei ganz kleinen Retortenöfen, befindet, beinahe vollständig verdrängt. Man findet die Generatorfeuerung sowohl bei Retorten- als auch bei Kammeröfen angewendet. Da bei den heutigen hohen und ständig im Steigen begriffenen Kohlen- und Kokspreisen in jedem Betrieb höhere Koksausbeuten, niedrigere Selbstverbrauchszahlen für Unterfeuerungskoks, sowie eine Verringerung des kostspieligen Arbeiterpersonals angestrebt wird und ein gewisser Erfolg nur durch das Ersetzen der Retortenöfen durch größere Vergasungsräume (Kammern) erreicht werden kann, so verlieren die Retortenöfen infolge ihrer verhältnismäßigen Unwirtschaftlichkeit immer mehr an Bedeutung[1]).

---

[1]) Vgl. hierzu die Diskussion in der Zeitschrift „Gas- und Wasserfach", 1923, Heft 2ff., die sich infolge einer gegenteiligen Mitteilung von Oberingenieur Schäfer entwickelt hat.

B. Wirtschaftlicher Vergleich von Retorten- und Kammeröfen.

Wie es aus der folgenden wirtschaftlichen Gegenüberstellung (Tabelle 4 auf S. 130—131) zwischen Horizontalretorten- und Vertikalkammerofenbetrieben (unter Zugrundelegung der Preise im Mai 1922 für Mittel-Deutschland) ersichtlich ist, zeigen Vertikalkammeröfen bereits bei einer jährlichen Gasproduktion von nur 1 Million Kubikmeter in wirtschaftlicher Hinsicht eine bedeutende Überlegenheit gegenüber Retortenöfen.

Selbstkosten des Leuchtgases im Retorten- und Kammerofen.

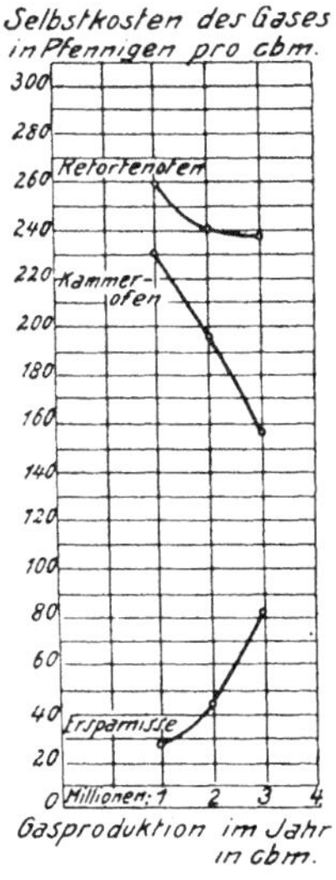

Abb. 28. Selbstkosten der Leuchtgasherstellung im Retorten- und Kammerofen.

Grundlagen: Mai 1922.

1. Ofenanlagen: Wirkliche Baukosten.
2. Kohlenpreis . . . . *M* 1562 je t
3. Teerpreis . . . . „ 4500 „ „
4. Reinammoniakpreis (in Form von schwachem NH_3-Wasser) . . „ 3000 „ „
5. Kokspreis . . . . „ 1800 „ „
6. Löhne: *M* 18 pro Std.
7. Instandhaltungskosten: bei beiden Ofenbauarten gleich.
8. Verzinsung und Amortisation zusammen 16 v H.

	Kammer-ofen	Retort.-ofen
9. Ausbeuten:	pro 100 kg	
a) Gas (ohne Wassergas) . . .	36 m^3	30 m^3
b) Teer	4 kg	4,2 kg
c) Reinammoniak	0,3 „	0,22 „
d) Unterfeuerungsverbrauch	13 „	18 „
e) Zum Verkauf erübrigten Koks	57 „	52 „

Bei einer Gasproduktion von 2,3 und mehr Millionen pro Jahr ist die Wirtschaftlichkeit des Kammerofens noch größer, wie es die Kurven in Abb. 28 zeigen, dem dieselben Rechnungsdaten zugrunde gelegt wurden, wie auch bei der Tabelle 4. Ich will deshalb die Retortenöfen in den Rahmen dieser Betrachtungen nicht aufnehmen.

Tabelle 4. Wirtschaftliche Gegenüberstellung
Vertikalkammer-

Jahresabgabe: 1 000 000 cbm. Tagesleistung (im Sommer und Winter
Teerpreis: 4500 M pro Tonne. Reinammoniakpreis: 3000 M pro Tonne

Horizontalretortenöfen:

Gasausbeute (ohne Wassergaserzeugung) . .	30,0 cbm	pro	100 kg Kohle
Teerausbeute	4,2 kg	,,	100 ,, ,,
Ausbeute an Reinammoniak	0,22 ,,	,,	100 ,, ,,
Unterfeuerungsverbrauch	18,0 ,,	,,	100 ,, ,,
Zum Verkauf erübrigter Koks (wenn kein Wassergas erzeugt wird) . . 70 — 18 =	52 kg	,,	100 ,, ,,

Danach sind die Gaserzeugungs-

1. Kapitaldienst: Bei 225 cbm Retortengasleistung sind erforderlich 3000 : 225 = 13 bis 14 Retorten und etwa 6 Retorten als Reserve. Dafür sind zweckmäßig erforderlich, entgegen der rechnerischen Ermittlung und mit Rücksicht auf Baumasse:

2 Stück	8er Halbgeneratorofen zu 775 000 M =	1 550 000 M
1 ,,	5er Halbgeneratorofen zu . . . . =	680 000 ,,
1 ,,	Handlademaschine zu . . . . . . =	145 000 ,,
	Anlagekapital	**2 375 000 M**

6% Verzinsung und 10% Abschreibungen vom Anlagekapital, insgesamt 16% . . . . 380 000 M

2. Instandhaltung (Unterhaltungskosten für Öfen, Werkzeuge, Lade- und Stoßmaschinen, Kohlen- und Koksförderanlagen): 30 Pf. pro cbm/Jahr . . . . 300 000 ,,

3. Löhne zur Erledigung folgender Arbeiten im Ofenhause: Retortenwechsel, An- und Abfahren von Kohle und Koks, Steigrohrreinigung, Abschlacken und Abfahren der Schlacke, Säubern des Ofenhauses. In 3 Schichten 9 Mann oder pro Schicht durchschnittlich 3 Mann. Bei 18 M Stundenlohn betragen die Ausgaben 9 · 8 · 18 · 365 . . . . 473 040 ,,

4. Ausgaben für Kohle (abzüglich der Nebenprodukte):
1 000 000 : 300 = 3330 t zu 1562 M . . . . 5 201 460 M
a) Koks: 3330 · 0,52 = 1732 t zu 1800 M. 3 117 600 ,,
b) Teer: 3330 · 0,042 = 140 t zu 4500 M . 630 000 ,,
c) Ammoniak (Reinammoniak (NH_3) im Gaswasser) 3330 · 0,0022 = 7,3 t zu 3000 M . . . . 21 900 ,, .
Somit betragen die Ausgaben für Kohle abzüglich Einnahme für Nebenprodukte 5 201 460 — (3 117 600 + 630 000 + 21 900) = ... 1 431 960 ,,

Gesamtausgaben für den Ofenhausbetrieb . . . 2 585 000 M

Bei Gaserzeugung in Vertikalkammern erhält man somit jährlich eine Erspar-
Leuchtgas rund 282 600 · 100 : 1 000 000

von Betrieben mit Horizontalretorten- und öfen. (Mai 1922)

gleich) mit 3000 cbm angenommen. Kohlenpreis: 1562 ℳ pro Tonne. NH_3 in Form von schwachem Gaswasser. Koksspreis: 1800 ℳ pro Tonne.

Vertikalkammeröfen:

Gasausbeute (ohne Wassergaserzeugung) . .	36,0 cbm	pro	100	kg	Kohle
Teerausbeute	4,0 kg	„	100	„	„
Ausbeute an Reinammoniak	0,3 „	„	100	„	„
Unterfeuerungsverbrauch	13,0 „	„	100	„	„
Zum Verkauf erübrigter Koks (wenn kein Wassergas erzeugt wird) . . 70 — 13 =	57 kg	„	100	„	„

kosten pro Kubikmeter gleich:

1. Kapitaldienst: Bei 3000 cbm Kammertagesleistung sind erforderlich inkl. Reserve von etwa 100% insgesamt 10 Kammern für 12stündigen Betrieb. Die Kosten hierfür inkl. Schornstein, Fundamente, Aufzug, Kohlen- und Kokstransporteinrichtungen betragen:

   Anlagekapital 4 800 000 ℳ

   6% Verzinsung und 10% Abschreibung, insgesamt 16% 7 68 000 ℳ

2. Instandhaltungskosten (lt. letzten Betriebsfeststellungen): 30 Pf. pro cbm/Jahr . . . . 300 000 „

3. Löhne zur Erledigung folgender Arbeiten im Ofenhause: Kammerwechsel, An- und Abfahren von Kohle und Koks, Steigrohrreinigung, Abschlacken und Abfahren der Schlacke, Säubern des Ofenhauses. 5 Mann in 24 Stunden oder durchschnittlich 1,66 Mann pro Schicht. Bei 18 ℳ Stundenlohn betragen die Ausgaben 5 · 8 · 18 · 365 . . . . 262 800 „

4. Ausgaben für Kohle (abzüglich der Nebenprodukte):
   1 000 000 : 360 = 2800 t zu 1562 ℳ . . . . 4 373 600 ℳ
   a) Koks: 2800 · 0,57 = 1596 t zu 1800 ℳ . 2 872 800 „
   b) Teer: 2800 · 0,04 = 112 t zu 4500 ℳ . 504 000 „
   c) Ammoniak (Reinammoniak NH_3 im Gaswasser): 2800 · 0,030 = 8,4 t zu 3000 ℳ . . . 25 200 „.
   Somit betragen die Ausgaben für Kohle abzüglich Einnahme für Nebenprodukte 4 373 000 — (2 872 800 + 504 000 + 25 200) = ... 971 600 „

   Gesamtausgaben für den Ofenhausbetrieb . . . 2 302 400 ℳ

nis von 2 585 000 — 2 302 400 = 282 600 ℳ, so daß pro Kubikmeter = 28,3 Pfg. erspart werden.

C. Hauptmerkmale des Einzel- und Zentralgenerators.

Den Unterschied bei der Disposition einer Gaswerksanlage mit eingebautem oder zentralem Generator ersieht man zunächst aus den folgenden Abbildungen.

In Abb. 29 ist ein Vertikalkammerofen mit einem Einzelgenerator dargestellt.

In Abb. 30 ist die Anordnung einer Zentralgeneratoranlage neben dem Leuchtgaserzeugungsofen schematisch dargestellt. Da Generatoren und die dazugehörigen

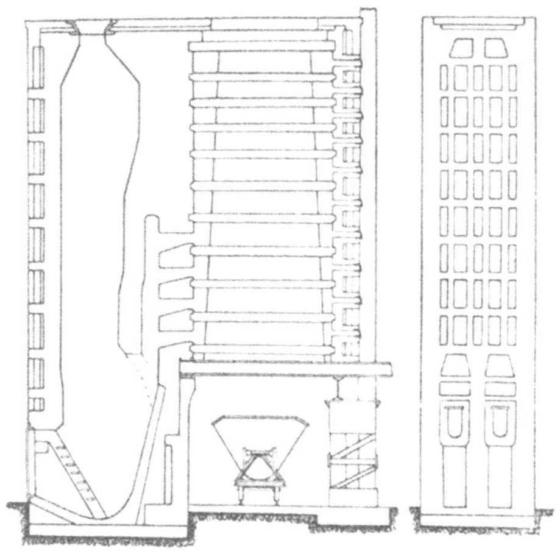

Abb. 29. Kammerofen mit Einzelgenerator.

Apparate aus Eisen hergestellt werden, so ersieht man bereits aus diesem Bild, welche großen Mengen Eisen, dessen Preis so stark gestiegen ist, eine solche Generatorenanlage benötigt.

Der Einzelgenerator ist in das Ofensystem eingebaut, bildet somit ein Ganzes mit dem Ofen, während der Zentralgenerator eine Anlage für sich darstellt und vom Leuchtgaserzeugungsofen räumlich getrennt ist. Der Einzelgenerator ist nichts anderes als ein in das Ofensystem eingebauter Schacht, während der Zentralgenerator eine besondere und verhältnismäßig ausgedehnte Anlage mit Bewegungsmechanismen, Gas-, Wasser- und Dampfleitungen, Desintegratorgebläse, Berieselungseinrichtung usw. darstellt.

Ohne der Lösung der behandelten Frage zunächst in irgendwelcher Weise vorzugreifen, möchte ich vorweg kurz die Frage streifen, ob die bestehenden Öfen auf Beheizung mit Zentralgeneratorgas umgebaut werden können. Darauf läßt sich sagen, daß durch Wegfall des Innengenerators genügend Raum für den Einbau der Vorwärmungseinrichtung für das abgekühlte Generatorgas gewonnen wird, so daß vom konstruktiven Standpunkt aus meist keine Schwierigkeiten vorliegen.

Wir wollen nun, ohne auf die einzelnen Ofenbauarten der Generatoren selbst einzugehen, zunächst die Charakteristik sowohl des Einzel- als auch des Zentralgenerators entwerfen.

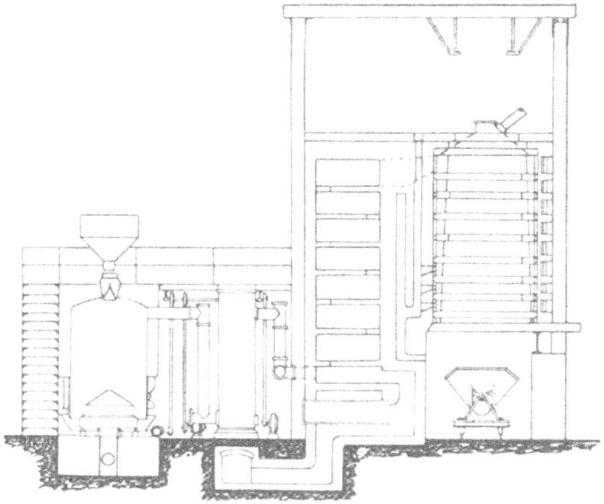

Abb. 30. Kammerofen mit Zentralgenerator.

In der Tabelle 5 sind die hauptsächlichsten Vorteile und Nachteile der beiden Arten von Generatoren in gedrängter Form zusammengestellt. Zu den einzelnen Punkten dieser Tafel wäre folgendes zu sagen.

Den Fragen der Reduktion des Unterfeuerungsverbrauches muß schon allein aus dem Grunde besonderes Interesse entgegengebracht werden, weil der prozentuale Anteil der Kosten der Unterfeuerung an den Gesamtgestehungskosten des Leuchtgases von Jahr zu Jahr höher wird (vgl. Abb. 31).

Der große prinzipielle Unterschied zwischen einem zentral aufgestellten Generator und einem eingebauten Einzelgenerator besteht zunächst darin, daß im ersteren die Eigenwärme des Generatorgases verloren geht. Unter Zugrundelegung

Tafel 5. Haupt-

Einzelgenerator.

Vorteile	Nachteile
Das Gas ist heiß, die fühlbare Wärme des Gases, vermehrt zum Teil durch Strahlungswärme, beträgt etwa 25% vom Heizwert des Oxydgases. Infolge geringer Heizungsgeschwindigkeiten ist beim gleichen Beschickungsmaterial der Flugstaubgehalt niedriger als bei dem Gas des Zentralgenerators vor der Kühlung. Der Innengenerator ist zwischen den beiden Rekuperationen eingemauert und beansprucht keinen besonderen Platz. Die Gaswege sind kurz. Ein Teil der Strahlungswärme des Ofens kommt dem Ofen zugute. (Rechnerische Bildungswärme 700 bis 800°, wirkliche Wärme 900 bis 1000°, darum Strahlungsverluste des Ofens geringer.) Anlagekosten geringer als bei Zentralgeneratoren. Größere Betriebssicherheit; es ist keine Reserve nötig. Der Brennstoff wird verarbeitet, wie er fällt, braucht also nicht sortiert zu werden. Einfacher Betrieb.	Das Gas hat eine schlechtere Zusammensetzung als Zentralgeneratorgas; CO_2 wird nicht in dem Maße zu CO reduziert wie beim Zentralgenerator. Das Gas wechselt in seiner Zusammensetzung stärker als Zentralgeneratorgas, besonders nach dem jeweiligen Entschlacken des Generators. Der Flugstaub, der im Gas bleibt, greift das Ofenbaumaterial an. Die Entschlackung erfolgt periodisch und durch Handbetrieb (schwere Arbeit besonders bei vieler Asche). Für jeden Ofen benötigt man einen Generator. Geringer Wirkungsgrad, dafür aber mehr fühlbare Wärme, als beim Zentralgenerator. Es läßt sich nicht jeder beliebige Brennstoff verarbeiten. Gegenüber Belastungsänderungen weniger elastisch; größere Verringerung des Nutzeffektes dabei. Mehr Unverbranntes in der Schlacke; das Unverbrannte kann jedoch ausgewaschen oder ausgelesen werden. Kontrolle der Wasserdampfzuführung, sowie überhaupt des Generatorganges ziemlich schwierig. Abhängig im gewissen Grade von der im Ofen verarbeiteten Kohlenqualität.

einer mittleren Generatorgaszusammensetzung errechnet sich in runden Zahlen eine Verbrennungswärme des Gases von etwa 1000 bis 1100 WE pro cbm. Da aber das Oxydgas aus Einzelgeneratoren eine Temperatur von 900 bis 1000 °C hat, so erhöht sich die für die Verbrennung zur Verfügung stehende Wärme etwa um weitere 300 WE. Würde man das Gas gänzlich abkühlen, also auf die Eigenwärme verzichten, so müßte man mit dem Verlust der obigen 300 WE rechnen, was etwas 25% der zur Verfügung stehenden Wärme ausmacht.

Wenn auch jeder Wärmeverlust zu bedauern ist, so kann man im vorliegenden Falle, so lange keine Abhitzeverwertung merkmale.

Zentralgenerator.

Vorteile	Nachteile
Bessere Wärmebilanz, weil 1. der Heizwert höher, 2. das Gleichgewicht des Wassergasprozesses vollkommener und 3. Gehalt an Unverbranntem in der Asche geringer ist. („Kalter Gang.“) Das gekühlte Gas wird vom Flugstaub befreit. Entschlackung erfolgt automatisch und kontinuierlich. Gleichmäßige Gaszusammensetzung, weil Beschickung des Generators, Auflockerung des Brennstoffes, Druckverhältnisse und die Entschlackung gleichmäßig erfolgen, daher keine Abkühlung des Ofens selbst. Große Durchsatzleistung; kann gleichzeitig mehrere Öfen bedienen. Wirkungsgrad (eingeschlossen den für den Betrieb des Generators selbst nötigen Dampfes) höher als beim Einzelgenerator. In bezug auf die Wahl des Brennstoffes, auch minderwertigen, ist man unabhängiger (evtl. auch Nebenproduktengewinnung). Bei Belastungsschwankungen in weiten Grenzen elastisch, zeigt aber dabei nur eine geringe Einbuße im Wirkungsgrad.	Die Bildungswärme (fühlbare Wärme des Generatorgases) ist geringer als im eingebauten Generator, was für sich eigentlich einen Vorteil darstellt. Falls die Bildungswärme ausgenutzt wird, so kommt sie meistens nur für Eigenbedarf des Generators an Dampf in Frage. Infolge hoher Winddrücke ist der Flugstaubgehalt bedeutend höher als beim Einzelgenerator, so daß hier eine Reinigung unbedingt erfolgen muß. Der Platzbedarf ist größer als bei Einzelgeneratoren. Ein Reservegenerator ist unbedingt notwendig. Instandhaltungs- und Reparaturkosten höher als beim Einzelgenerator. In Wien ist das Verhältnis: $\frac{\text{Reparaturen}}{\text{Gesamtlöhne}} = \frac{309}{220}$ (Kaudella). Großes Anlagekapital. Feinkoks allein läßt sich entgegen den Erwartungen und Behauptungen nicht vergasen. Großer Kraftverbrauch, der nicht immer durch selbsterzeugten Dampf gedeckt wird, während bei Einzelgeneratoren kein Kraftbedarf in Frage kommt.

in Frage kommt, diesen Verlust verschmerzen, weil etwa die gleiche Wärmemenge, die wir hier in Form von heißem Generatorgas haben, uns auf der anderen Seite, nämlich in der hohen Abgastemperatur der Öfen mit eingebauten Generatoren verloren geht (vgl. Schaubild Abb. 32).

In den durch Verbrennung von 1 cbm Oxydgas von mittlerer Zusammensetzung entstandenen etwa 1000° C heißen Rauchgasen sind etwa 700 bis 800 WE enthalten. Zum Vorwärmen der Luft (0,8 bis 1,0 cbm pro Kubikmeter Oxydgas) benötigt man etwa 250 bis 300 WE, so daß beinahe zwei Drittel der verfügbaren Wärme der Abgase in den Schornstein gehen, während zum einwandfreien Betrieb des letzteren höchstens ein Drittel der Abgasewärme ausreichen würde, auch wenn dieselbe niedriger temperiert ist. Eine genaue Rechnung kann ich mir an dieser Stelle ersparen; ich verweise die Interessenten diesbezüglich auf den Abschnitt IV dieses Werkes: „Regenerator oder Rekuperator“; auch in der empfehlenswerten Broschüre von Dr. Geipert über Generatoröfen findet man manches Lesenswerte darüber. Ferner möchte ich noch auf die sehr instruktive Tabelle von Prof. Dr. K. Bunte im Gasjournal 1920, S. 479, verweisen, die nicht oft genug empfohlen werden kann. Man ersieht aus dem obigen, daß, falls das Gas, wie es bei Zentralgeneratoren üblich ist, abgekühlt wird, noch immer genug Wärme in den Abgasen vorhanden ist, um das abgekühlte Generatorgas wiederum auf die hohe Tem-

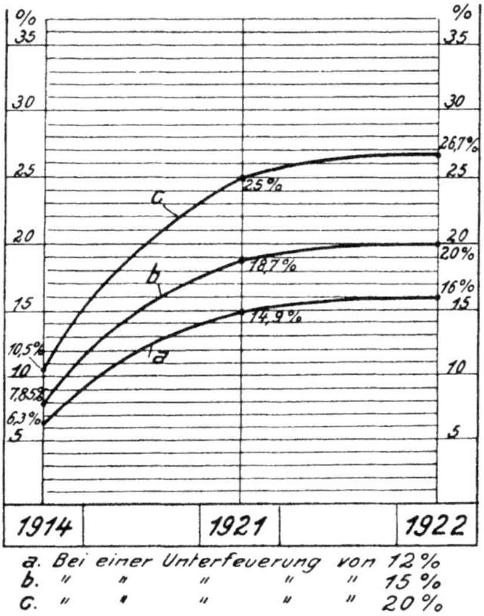

Abb. 31. Anteil der Unterfeuerungskosten in den Gestehungskosten des Leuchtgases in verschiedenen Jahren bei verschiedenem Unterfeuerungsverbrauch.

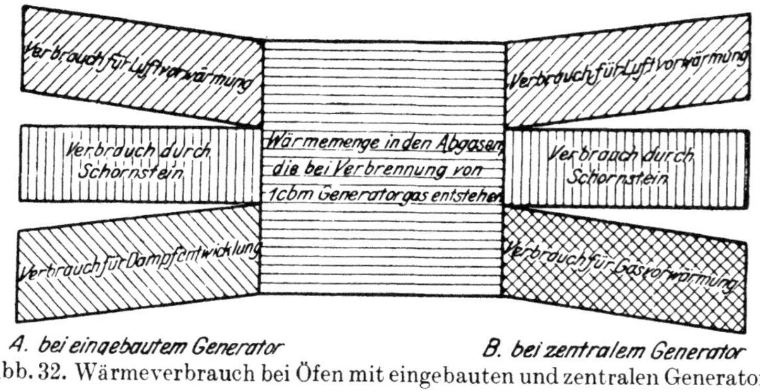

Abb. 32. Wärmeverbrauch bei Öfen mit eingebauten und zentralen Generator.

peratur zu bringen. Der Wärmebetrag aber, den man beim Verwenden von heißem Gas (trotz der Notwendigkeit großer Heizflächen wegen kleinem Temperaturgefälle) gut für Dampferzeugung ausnutzen könnte, wie es neuere Veröffentlichungen im Gasjournal zeigen, geht dabei verloren.

D. Die Gewinnung der Abwärme des Generatorgases.

Einige Firmen versuchten das mit 450° C aus den Zentralgeneratoren austretende Gas in unmittelbar anschließenden Röhrenkesseln zur Dampferzeugung auszunutzen. Die in den Dampfkesseln auf diese Weise erzeugte Dampfmenge reichte aber nicht immer aus, um den Dampfbedarf der Generatoren allein zu decken. Auf dem Gaswerk Kiel-Wik II konnten die Kessel nur den Dampf für die mechanische Arbeit der Drehrostbewegung liefern, „während der Antrieb der zum Generatorbetrieb zugehörigen Gebläse elektrisch aus einer anderen Energiequelle vorgenommen werden mußte". (Dr. Voigt, Gasjournal 1920, Heft 2.)

Wenn in anderen Fällen, vielleicht auf Kosten der Unterfeuerung bzw. auf Konto der kostspieligen Konstruktion die in Zentralgeneratoren erzeugten Dampfmengen größer sind, so werden dieselben zum größten Teil zum Betriebe der Generatoren selbst verbraucht. Beim Einzelgenerator ist das selbstverständlich nicht der Fall. Dieser braucht keine Kraft für das Gebläse, Wasser, Entstaubungsanlage, Ascheschüssel usw.

E. Gasbeschaffenheit; Verbrennungstemperaturen; Staubgehalt des Gases.

Es darf allerdings nicht verkannt werden, daß der Zentralgenerator ein besseres Gas liefert, wodurch der oben besprochene Wärmeverlust sich zum Teil deckt.

Sowohl der Gaszusammensetzung als auch der fühlbaren Wärme des Gases wenden wir unsere Aufmerksamkeit schon aus dem Grunde zu, weil wir Wert auf die Erzielung hoher Verbrennungstemperaturen legen.

Von den sonstigen Kohlendestillationsöfen, wie z. B. Koksöfen, unterscheidet sich der Gaswerksofen schon allein dadurch, daß im letzteren bedeutend höhere Temperaturen angestrebt und angewandt werden. Gerade diese höheren Entgasungstemperaturen haben zur Entwicklung der modernen Gaswerkstechnik viel beigetragen, weil mit dem Steigen der

Temperaturen im Heizraum der Destillationsöfen auch die Wertzahl (Produkt aus Gasmenge und Heizwert) steigt und die Garungsdauer fällt.

Die Erzielung hoher Temperaturen wird durch die Vorwärmung der beiden Medien (Gas und Luft) begünstigt. Bei eingebauten Generatoren fällt die Notwendigkeit, das Gas vorzuwärmen, fort, weil das Oxydgas im Generator (und zum Teil auch an benachbarten Ofenflächen) Wärme aufnimmt und mit dieser ihm innewohnenden Wärme in den Verbrennungsraum gelangt. Wird das Oxydgas abgekühlt, so erniedrigt sich die Flammentemperatur ganz beträchtlich. Die theoretische Verbrennungstemperatur eines Generatorgases von der mittleren Zusammensetzung:

$$\begin{aligned} CO_2 &= 8{,}0\% \\ CO &= 23{,}0\,\text{,,} \\ H_2 &= 10{,}0\,\text{,,} \\ N_2 &= 59{,}0\,\text{,,} \end{aligned}$$

beträgt die Temperatur bei

1. kaltem Gas und kalter Luft rund 1250°,
2. kaltem Gas und heißer Luft rund 1550°,
3. heißem Gas und heißer Luft rund 1850°.

Die praktische Verbrennungstemperatur ist aber niedriger. Man ersieht hieraus zunächst, daß man auf die Vorwärmung des Oxydgases, sei es im Generatorschacht selbst, sei es in den Wärmerückgewinnungseinrichtungen, wie Regenerator und Rekuperator, keineswegs verzichten kann. Ist das Gegenteil der Fall, so erniedrigt sich die Entgasungstemperatur und, wie bereits oben ausgeführt, sinkt die Wertzahlausbeute und die Garungsdauer wird länger. Es entsteht dabei daher die natürliche Frage, ob bei den Gaswerköfen die Möglichkeit geboten wird, außer der Luft auch das Oxydgas genügend vorzuwärmen, falls letzteres aus den in der Tafel 5 erwähnten Gründen abgekühlt werden müßte. Die Frage ist bereits vorhin absolut bejaht und wiederholt auch praktisch bestätigt worden.

Der Flugstaubgehalt des Gases aus einem Zentralgenerator ist bedeutend höher, als im eingebauten Generator, und zwar schon allein aus dem Grunde, weil beim Zentralgenerator der Wind unter einem bedeutenden Druck aus dem Gebläse zugeführt wird, und während beim Einzelgenerator nur mit natürlichem Kaminzug gearbeitet wird, der etwa 10 bis 15 mm WS beträgt. Das Zentralgeneratorgas mit seinem durch starken Wind verursachten 3 bis 4 g Flugstaub pro cbm Gas, muß also gereinigt werden. Wie hoch der ziffernmäßige Flugstaubgehalt des Gases aus dem eingebauten Generator ist, weiß ich nicht. Auf jeden Fall spielt außer den Zugverhältnissen noch die Koksqualität eine Rolle. Wird in einem Gaswerk durch geeignete Maßnahmen, wie richtige Wahl der Kohlensorten bzw. Mischung von verschiedenen Kohlensorten, gute Homogenisierung, geeignete Korngröße der Kohle, richtige und gleichmäßige Beheizung der Entgasungsräume, richtige Löschweise des Kokses (die einzig richtige ist die sog. trockene Kokskühlung mit indifferenten Gasen) usw. gesorgt, so erhält man festen, dichten, gut ausgegasten Koks, wodurch auch der Flugstaubgehalt des Gases reduziert wird. Beim Zentralgeneratorgas muß jedoch die Reinigung vom Flugstaub auf jeden Fall erfolgen.

F. Verwendbarkeit minderwertiger Brennstoffe.

Das Schlagwort der generatorbauenden Konstruktionsfirmen und Maschinenfabriken in den letzten Jahren war die „Möglichkeit der Vergasung von feinkörnigen sowie sonstigen minderwertigen Brennstoffen.“ Hierzu ist folgendes zu bemerken.

Nach der Betriebsstatistik einer großen Gasgesellschaft aus dem Jahre 1921, der die Betriebsführung von vielen Gaswerken, darunter etwa 15 mit Vertikalkammeröfen von 1,5 bis 4 Millionen cbm Jahresgaserzeugung untersteht, entfällt auf Koksgrus mit einer Korngröße von 0 bis 10 mm durchschnittlich je nach der Kohlenqualität 8 bis 20% der Koksproduktion; auf dem Gaswerk Berlin-Gitschinerstraße erreicht dieses Verhältnis nach einer Mitteilung im Gasjournal etwa 15%. In zahlreichen anderen Literaturquellen findet man ebenfalls das gleiche prozentuale Verhältnis der Koksasche zu der gesamten Koksproduktion angegeben. Diese Mengen Koksgrus entsprechen durchschnittlich den Mengen, die für Unterfeuerungszwecke an Brennstoff benötigt werden. Es liegt daher der Gedanke nahe, dieses minderwertige Material für Unterfeuerungszwecke auszunutzen, um den dadurch ersparten Grobkoks für den Verkauf freizubekommen.

Zahlreiche Spezialfirmen versuchten Generatoren zum Vergasen und Kokslöschen zu konstruieren. Die Literaturangaben sind darüber widersprechend und im großen und ganzen mit Vorsicht zu genießen. Auf jeden Fall steht fest, daß beim

Vergasen von feinkörnigem Brennmaterial der Brennstoffdurchsatz pro Quadratmeter Schachtfläche und Stunde gering ist, der Dampfverbrauch bei dem aschenreichen Brennstoff hoch und der thermische Wirkungsgrad des Generators gering ist. Wenn auch hier und da gelungen ist, die technische Seite der Frage einigermaßen zu lösen und im Probebetrieb ganz brauchbare Zahlen zu erhalten, so bestehen über die Wirtschaftlichkeit dieser Art Vergasung immerhin berechtigte Zweifel. Ich selbst habe noch nirgendwo einen zufriedenstellenden Generator gesehen, der Koksgrus allein verarbeitet. Die auf dem Gaswerk Berlin-Danzigerstraße seinerzeit für die Vergasung von feinkörnigem Koks eingerichteten Generatoren gingen ebenfalls nicht.[1]) Man ist dazu übergegangen, Grobkoks bzw. ein Gemisch von Grobkoks und Braunkohle für Unterfeuerungszwecke zu vergasen. Koppers, der seinerzeit viel Propaganda für Betreiben von Zentralgeneratoren mit feinkörnigem Koks in Zentralgeneratoren für Unterfeuerung machte, sagt in einer seiner Mitteilungen (1921, Heft 4) wörtlich folgendes: „Es ist bei verschiedenen Anlagen nachgewiesen worden, daß dem Brennstoff noch Koksstaub von 0—5 mm Korngröße bis 10—15% zugesetzt werden kann, wodurch sich die Kosten des Brennstoffes entsprechend ermäßigen." Mit anderen Worten, man vergast praktisch im Zentralgenerator ein Material, das nur zu einem geringen Teil aus minderwertigem Brennstoff besteht. Es kommt noch hinzu, daß die Vergasung von Mittelkoks im Zentralgenerator nicht immer als Vorteil betrachtet wird. So wird in Berlin und Nürnberg nach den Ausführungen von Körting und Terhaerst im Gasjournal für Mittelkoks ein niedrigerer Preis erzielt als für Grobkoks.

Es wäre noch interessant, darauf hinzuweisen, wie Gwosdz, in seinem im Verlage von Knapp-Halle erschienenen Buche „Generatorgas" auf Seite 139/40 die Schwierigkeiten der Vergasung von feinkörnigem Material in Generatoren schildert: „Bei den feinkörnigen Brennstoffen besteht die Gefahr der Bildung von Schlackenansätzen an der Schachtwand . . ." und „Auch erfordert der Betrieb namentlich im Hinblick auf die Aufrechterhaltung einer bestimmten Aschenschicht über dem Drehrost eine gesteigerte Aufmerksamkeit. Sinkt das Feuer bis in die Ebene der Rostspitze, so besteht für diese, wie auch sonst bei Drehrostgeneratoren, die Gefahr

[1]) Siehe auch Gwosdz, In seinem Buch: Generatorgas, S. 139—140.

des Verbrennens. Ist die Aschenschicht jedoch zu hoch, so kann der Luftsauerstoff, ohne von Kohlenstoff verzehrt zu werden, bis in die sich stets bildenden Gaskamine gelangen und so leichter nach den höheren Schichten durchbrechen. Die geringere Durchsatzleistung bei höherem Feinkorngehalt steht im Zusammenhang mit dem durch die dichte Schüttung des Brennstoffs bedingten stärkeren Abfall des Gasdruckes im oberen Schachtraume. Je größer der Unterschied des Gasdrucks vor und hinter der Brennstoffsäule ist, desto leichter bricht der Wind an einzelnen Stellen durch, auch wenn die Schüttung hoch ist. Abgesehen von der hiermit verbundenen Verschlechterung der Gasbildung werden auch durch die an diesen Stellen mit erhöhter Geschwindigkeit durchtretenden Gasströme große Mengen von Staub mitgerissen, die in die Gasleitungen gelangen. Der Steigerung des Winddruckes zwecks Erhöhung des Durchsatzes ist demnach durch den Feinkorngehalt des Brennstoffes eine Grenze gesetzt. Ist der Gehalt des Brennstoffs an feinen Teilen hoch, so siebt man den Staub zweckmäßig ab und verarbeitet ihn zu Briketts, die sich in gewöhnlichen Drehrostgeneratoren anstandslos vergasen lassen.“

Es ist daher begreiflich, daß die Gaswerke mit Vorliebe das feinkörnige Material unter Zuhilfenahme einer Evaporator- oder ähnlicher Feuerung zum Zwecke der Dampferzeugung unter den Dampfkesseln verwenden.

Es liegt der Gedanke nahe, an Stelle des zu guten Preisen verkäuflichen Kokses Braunkohlenbriketts oder rohe Braunkohle zu verwenden. Auf dem Gaswerk der Stadt Dresden verspricht man sich sehr viel von der Vergasung der Briketts. Es darf aber nicht übersehen werden, daß dort die Briketts von einer der Stadt Dresden selbst gehörenden Braunkohlengrube kommen. Terhaerst ist dagegen der Meinung, daß die Brikettvergasung keineswegs wirtschaftlicher gegenüber Koksvergasung ist; allerdings scheint er hierbei die Teergewinnung nicht in Betracht gezogen zu haben (Gas- und Wasserfach 1921, S. 468).

Die Frage der Vergasung der Braunkohle selbst taucht in den braunkohlenreichen Gegenden auf, also in Mitteldeutschland, am Rhein und in Bayern. Arnemann besprach die technische Seite der Braunkohlenvergasung in seinem Vortrag in der letzten Hauptversammlung des Vereins deutscher Gas- und Wasserfachmänner in Krummhübel (Gas- und Wasserfach 1921 S. 667) und kommt zu dem Ergebnis, daß die Eigenart der Braunkohle, nicht zu backen, sie zur Vergasung in Gaserzeugern ganz besonders macht. Die Vergasung von stückiger Braunkohle und Briketts ohne Teergewinnung, d. h. in sog. Heizgeneratoren, ist seit langem mit Erfolg angewandt worden. Die Vergasung von mulmiger Braunkohle ist jedoch nirgends gelungen. Es stellt diese Vergasung auch eine theoretische Unmöglichkeit dar, da Feuchtigkeit, Teer und Kohle im oberen Teil des Gaserzeugers eine gasundurchlässige Emulsion bilden. Wo die Vergasung von sog. Rohkohle ohne Absiebung als gelungen behauptet wird, handelt es sich eben nicht um eine rein mulmige Kohle, sondern in diesem Sonderfall reicht der Stückgehalt der Rohkohle gerade aus, um die Gasdurchlässigkeit der Kohlenschicht zu wahren.

Es muß zugegeben werden, daß tatsächlich einige Generatoren in Deutschland gibt, welche Braunkohle, wie sie aus der Grube kommt (also im feuchten und unsortierten Zustand), verarbeiten. Ich selbst habe eine solche Anlage in der chemischen Fabrik Römer in Nienburg bei Bernburg gesehen. Da das Gas dort zwecks Gewinnung von Urteer gewaschen wird, so wird es gleichzeitig seines Wassergehaltes entledigt, so daß man damit Temperaturen von 1400° (Schmelzofen für Wasserglas) erreichen konnte. Eine ähnliche Anlage ist in Schwandorf im Betrieb. Die Wirtschaftlichkeit dieser Anlagen, deren Baukosten sehr beträchtlich sind, hängt aber zu etwa 35% von der Ausbeute an Urteer ab, die bei verschiedener Kohle verschieden ist, und, was noch wichtiger ist, vom Erlös dafür, folglich von der inneren und Weltkonjunktur ab.

G. Raumbedarf, Lohnersparnisse und anderes.

Die Platzfrage soll nicht unterschätzt werden; sie ist in vielen Fällen von einschneidender Bedeutung. Man findet nicht selten Gaswerke, wo infolge des beschränkten Raumes eine rationelle Gestaltung des einen oder anderen Betriebszweiges absolut unmöglich ist. So mußte man neuerdings in ein paar Fällen von Erstellung von epochemachenden Anlagen für trockene Kokskühlung mit Verwertung der Koksglut, bei welcher außer der Verbesserung der Koksqualität und einer Reihe wirtschaftlicher, technischer und sozialhygienischer Vorteile, auch beträchtliche Mengen Dampf kostenlos erzeugt werden können (vgl. Abschnitt VIII auf S. 166 bis 178), allein aus dem Grunde Abstand genommen werden, weil über die benötigten 15 bis 20 qm Raum in dem stark verbauten und beengten Gaswerk nicht verfügt werden konnte[1]). Um so mehr ist die Platzfrage bei den zentral angeordneten Generatoren von Wichtigkeit, weil hier auch Platz für die Brennstoffzufuhreinrichtungen usw. geschaffen werden muß.

Was die Frage der Lohnersparnisse beim Zentralgenerator betrifft, so kann wohl angenommen werden, daß solche bei ganz großen Anlagen tatsächlich eintreten. Bei den mittleren und kleineren Gaswerken scheint eine solche Lohnersparnis höchst problematisch zu sein, weil die Schlackarbeit zum Teil von Feuerleuten besorgt wird, die auch bei Einführung des Zentralgeneratorbetriebes bleiben müssen und die Zentralgeneratoren doch ebenfalls eine Bedienung zum Stocken, Überwachung des Ganges, des maschinellen Teiles usw. benötigen.

Bei welcher Größe der Generatoren die Lohnersparnisse tatsächlich eintreten, muß von Fall zu Fall geprüft werden.

In ganz großen Gaszentralen, wie Berlin, Wien, Königsberg usw. hat sich tatsächlich die Überlegenheit eines Zentralgenerators gegenüber den Einzelgeneratoren erwiesen. Die Großgaserzeuger, ebenso wie der Großraumofen, das Großgaswerk usw. hat gewiß seine Vorteile und seine Berechtigung. Aber wo und wann beginnt diese Berechtigung? Ich glaube zum Beispiel feststellen zu dürfen, daß bei einer Gasproduktion von etwa 15 bis 20 000 cbm täglich das einmalige Chargieren in 24 Stunden beginnt wirtschaftlich zu werden; daß bereits bei einer Million Kubikmeter Jahresgaserzeugung der Kammerofen dem Retortenofen überlegen ist; daß schon in Gaswerken mit etwa 2 Millionen Kubikmeter Jahresgaserzeugung die trockene Kokskühlung rentabel ist usw. Aber bei dem Problem: Einzelgenerator oder Zentralgenerator? spielen zu viele Momente mit, die eine allgemeingültige Beantwortung der Frage leider nicht gestatten. Es muß dann noch geprüft werden, ob auch bei kleineren Gaswerken dieselben Gesichtspunkte maßgebend sind, wie sie zur Beurteilung dieser Frage bei großen Gaswerken angewandt werden. Es muß doch berücksichtigt werden, daß von etwa 200 Gaswerken Deutschlands nur etwa 80 Gaswerke eine Jahresabgabe von über 5 Millionen Kubikmeter und etwa 200 Werke

[1]) Litinsky, Vgl. meine Broschüre: Trockene Kokskühlung mit Verwertung der Koksglut. Monographien zu Feuerungstechnik Heft 4. Leipzig 1922. Otto Spamer.

eine Produktion von 1 bis 5 Millionen Kubikmeter haben, während die meisten (also über 900) eine bedeutend kleinere Gasproduktion (also unter 1 Million Kubikmeter pro Jahr) aufweisen.

Man ist in der letzten Zeit auch etwas weitergegangen und versuchte, die Gasöfen von kleineren Gaswerken ebenfalls mit Zentralgeneratoren auszurüsten. Kleinholz sagt darüber: „... daß Kammeröfen mit Zentralgeneratoren auch für Werke von 3000 cbm Tageserzeugung ab aufwärts berechtigt und zweckmäßig sind." Ob dieselben jedoch wirtschaftlicher sind, als eingebaute Generatoren, ist aus der obigen Mitteilung nicht zu ersehen. Auch weiß man nicht, wie hoch sich die Mehrkosten eines solchen kleinen Ofens mit Zentralgenerator gegenüber dem Ofen mit eingebautem Generator stellen. In unserer Zeit ist jede Neuerung begrüßenswert, die eine Lohnersparnis mit sich bringt. Bei den heutigen hohen Löhnen (Mai 1922) ist die Ersparnis an einem Arbeiter gleichwertig der Verringerung des Anlagekapitals um $^3/_4$ Millionen Mark. Ob bei den von Herrn Kleinholz beschriebenen Öfen tatsächlich Arbeiter gespart werden, ist von ausschlaggebender Bedeutung. Wählt man Zentralgeneratoren, so muß man doch unbedingt auch einen Reservegenerator aufstellen für den Fall, daß etwas am Generator passiert. Wenn man mir erwidert, daß auch am eingebauten Generator immer etwas passieren kann, so muß ich betonen, daß eine solche Möglichkeit im letzten Falle bei weitem nicht so oft auftreten kann.

Zu den anderen typischen Kennzeichen der beiden Arten des Generatorbetriebes wäre eigentlich nichts besonderes zu erwähnen; in der Tabelle 5 sind diese Kennzeichen, wenn auch in kurzer, so doch in prägnanter Form angegeben, so daß dieselben ohne weiteres verständlich sind.

Ich bin am Ende meiner Ausführungen. Man sieht, wie verwickelt das Thema ist und welche verschiedenen Gesichtspunkte bei der Beurteilung der Frage maßgebend sind. Ferner sieht man, daß mit dem Schlagwort: „Zentralgenerator" es ebenso geht, wie mit vielen anderen Schlagworten: „Zentralgenerator", „Kontinuierlicher Ofen", „Gestampfte Kammern", „Silika-Material", „Trigas" und vieles andere, was als einzig Richtiges verkündet wird, erweisen sich, genau unter die Lupe genommen, keineswegs als Allheilmittel, sondern erfordern genaues Studium, Berücksichtigung vieler Momente und kritische Betrachtung. Auch die Lösung der Frage „Einzel- oder Zentralgenerator"? muß in jedem einzelnen in Frage kommenden Betriebe unter genauer Berücksichtigung der Eigentümlichkeiten des betreffenden Betriebes sowie der technischen und wirtschaftlichen Faktoren von Fall zu Fall gesucht werden.

VI. Ermittlung des Wärmeverbrauchs für die Kohlendestillation.

Es sind in der Literatur in der letzten Zeit wiederholt Zahlen über den Wärmeaufwand für Destillation von Steinkohle bekanntgegeben. Otto[1]), Wilczek[2]), Lecocq[3]) u. a. befaßten sich mit dieser Frage. Die von ihnen angegebenen Zahlen weichen jedoch stark voneinander ab. Die Unterschiede sind zweifellos auf die Verschiedenheit der gewählten Methoden der Gasmessung sowie auf die eventuellen Fehler bei der Ausführung der Messung von Gasmengen zurückzuführen.

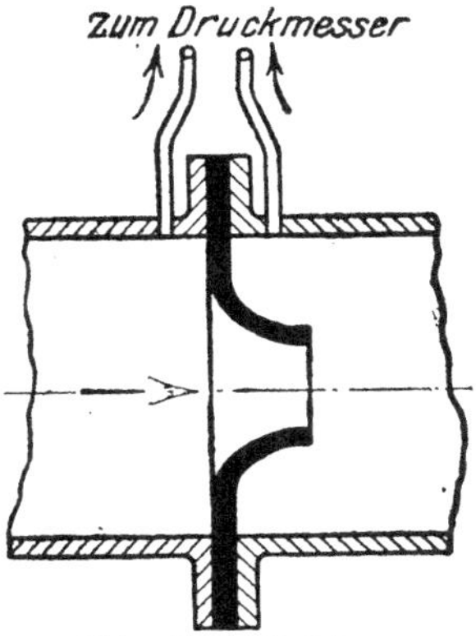

Abb. 33. Meßdüse.

Das Gebiet der Messung von Gasmengen war bis zur neueren Zeit etwas vernachlässigt. Die Ermittlung des Wärmeaufwandes für die Kohlendestillation hängt jedoch in erster Linie von der richtigen Durchführung der Gasmessung und der damit verbundenen Berechnungen ab. Eine kritische, zusammenfassende Übersicht über sämtliche Methoden der Gasmessung fehlte bislang in der Literatur. Gleichzeitig fehlte eine allgemeingehaltene Anleitung zur praktischen Ausführung solcher Messungen und insbesondere zur Vornahme von verschiedenen damit zusammenhängenden Berechnungen, welche im Grunde genommen nicht kompliziert sind, einem Uneingeweihten

[1]) Otto, Theoretische und praktische Ermittelung von Koksofenwärmebilanzen. Dissertation Breslau. Düsseldorf 1914. Verlag Stahleisen S. 6.

[2]) Wilczek, Beiträge zur Wärmetechnik der Kopperschen Koksöfen, Glückauf 1914 S. 698.

[3]) Revúe de Metallurgie 1912 S. 561.

jedoch viele Schwierigkeiten machen und nur an Hand von Rechenbeispielen leicht verständlich gemacht werden können. Diesen Verhältnissen Rechnung tragend, entschloß ich mich, die Lücke in der Fachliteratur auszufüllen. Ich schrieb ein Buch[1]), welches in der Spamerschen Sammlung „Chemische Technologie in Einzeldarstellungen“ erschienen ist. Ich verweise daher die Interessenten auf dieses Werk[1]), wo etwa 20 verschiedene Meßmethoden beschrieben sind.

An dieser Stelle möchte ich an Hand von Beispielen zeigen, wie ein Betriebsingenieur auf Grund der von mir weiter unten ausgeführten durchgerechneten Beispiele im eigenen Betriebe die uns interessierende Feststellung machen kann.

Als Beispiele sind gewählt: eine Kokerei in welcher die Öfen mit eigenem Kohlendestillationsgas und ein Gaswerksofen, der mit Generatorgas aus einer Zentralgeneratoranlage beheizt wird. Für das erste Beispiel wurde eine Düse (Abb. 33 u. 36), für das zweite ein Staurand (Abb. 34 und 35) gewählt.

A. Düsenmessung.

Bei der Anwendung der Düse (nach Abb. 33) wird zweckmäßig mit der folgenden Gleichung operiert:

Den Wert C entnimmt man dem Schaubild Abb. 37, welches verschiedenen Verhältnissen $\frac{D}{d}$ (Rohrdurchmesser: Durchmesser der Durchflußöffnung), sowie verschiedenen Werten des Düsenkorrektionsfaktors k Rechnung trägt.

Die Meßergebnisse sind:

Verengung: Düse; Gasart: Koksofengas.

k = angenommen 0,98,

f = Düsenquerschnitt 0,159 qm,

h = (gemessene Druckdifferenz) = 55 mm WS,

γ = ermittelt und umgerechnet, wie weiter unten gezeigt wird, = 0,484,

$$\frac{D}{d} = \frac{\text{Rohrdurchmesser}}{\text{Düsendurchmesser}} = \frac{0,8}{0,45} = 1,78\,.$$

---

[1]) L. Litinsky, Messung großer Gasmengen. Anleitung zur praktischen Ermittlung großer Mengen von Gas- und Luftströmen in technischen Betrieben. Mit 138 Abbildungen, 37 Rechenbeispielen, 8 Tabellen im Text, sowie 13 Schaubildern und Rechentafeln im Anhang. Leipzig 1922. Otto Spamer.

Bei $k = 0{,}98$ und $\frac{D}{d}$ 1,78 beträgt C, entnommen dem Schaubild Abb. 37 = 16 260.

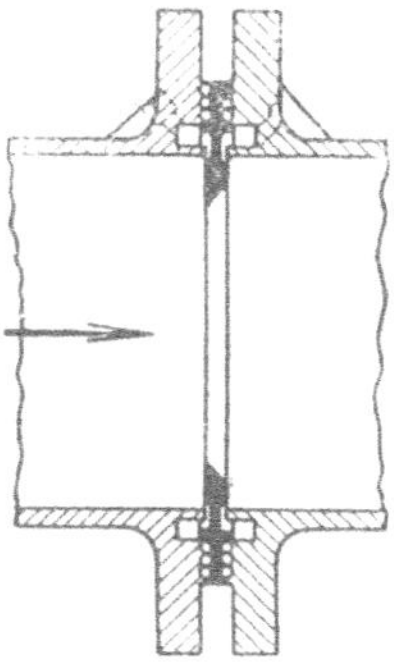

Abb. 34. Staurand.

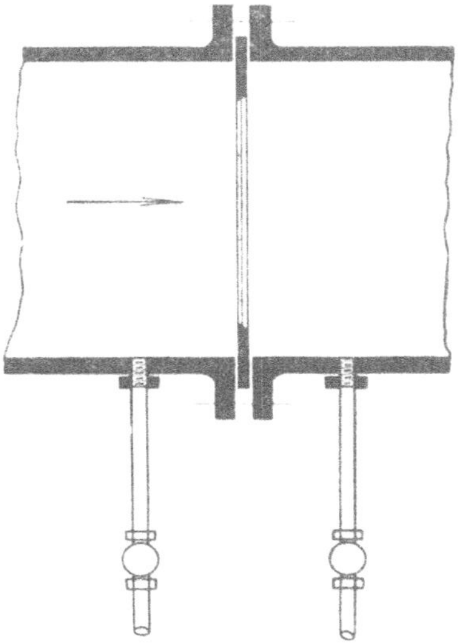

Abb. 35. Druckentnahme am Staurand.

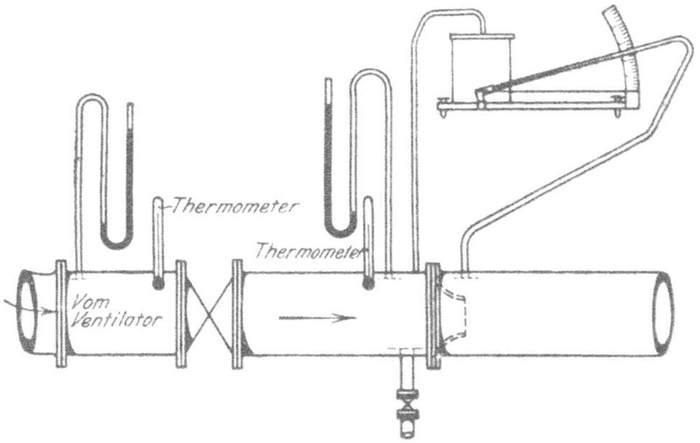

Abb. 36. Düsenmeßanordnung zur Bestimmung der vom Turbogassauger angesaugten Gasmenge.

Dann ist

$$V_{st} = 16\,260 \cdot 0{,}159 \sqrt{\frac{55}{0{,}484}} = \text{rd. } 27\,500 \text{ cbm},$$

welche noch entsprechend auf Normalzustand (vgl. Schaubild Abb. 38) umzurechnen sind.

Gastemperatur an der Meßstelle = 40° C.
Gasüberdruck = + 400 mm W.S.
Barometerstand = 750 mm Q.S. (= 10 200 mm W.S.).

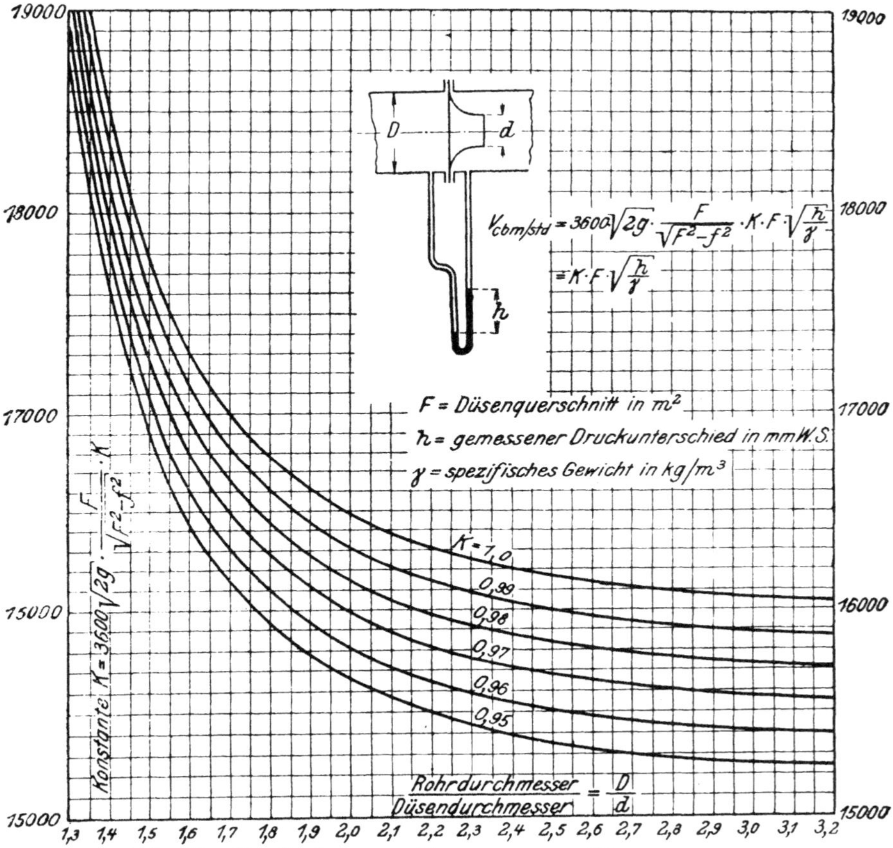

Abb. 37. Ermittelung von Gasmengen aus Düsenmessungen.

Die Umrechnungsfaktoren sind (vgl. Schaubild Abb. 38):
Für 40° C und 10 200 + 400 = 10 600 mm W.S. = **0,837**.
Für 0° C und 760 mm Ba. = **0,988**.

Somit ist die Gasmenge gleich:

$$27\,500 \cdot \frac{0{,}837}{0{,}988} = \sim 23\,300 \text{ cbm}$$

bei 0° und 760 mm Ba.

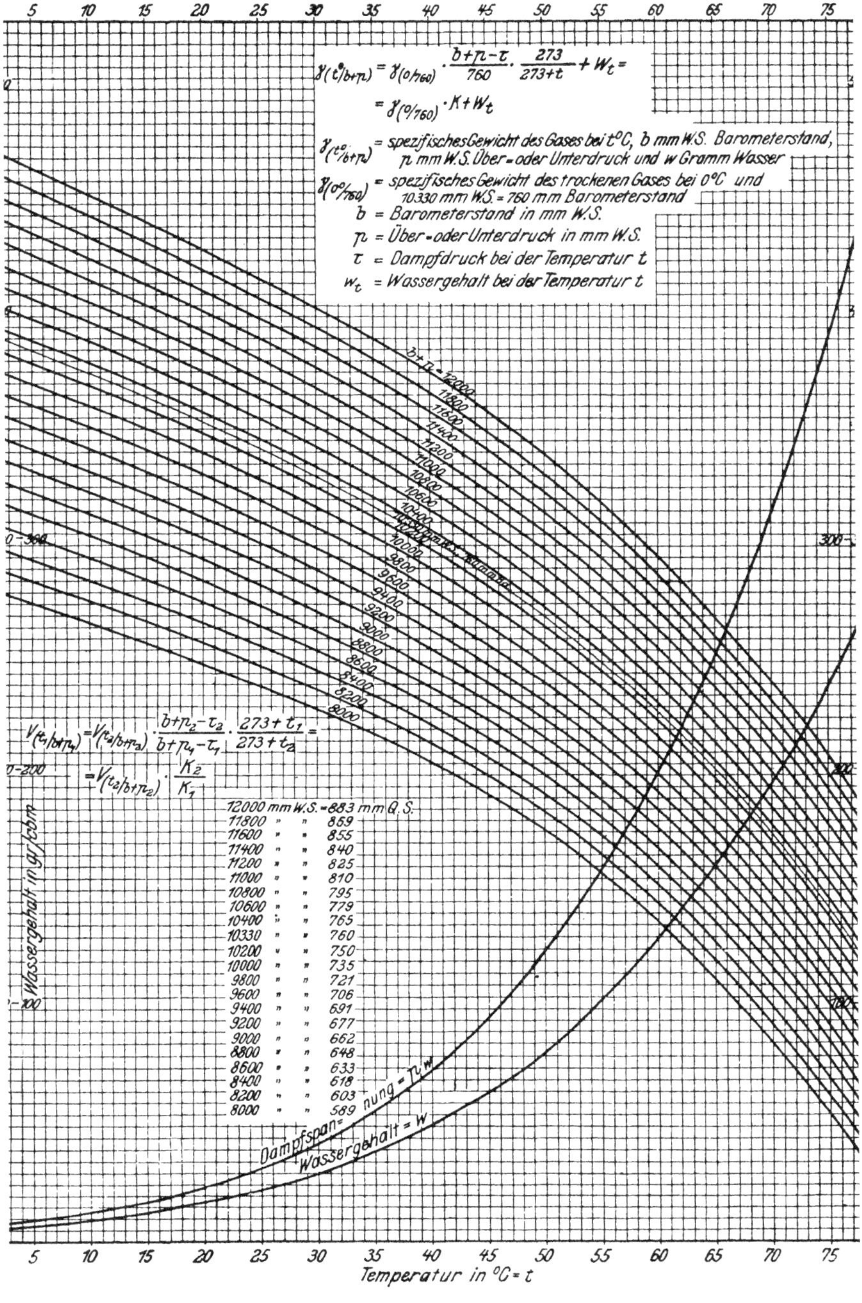

γ(t°/b+p) = γ(0/760) · (b+p−τ)/760 · 273/(273+t) + W_t =
= γ(0°/760) · K + W_t
γ(t°/b+p) = spezifisches Gewicht des Gases bei t°C, b mm W.S. Barometerstand, p mm W.S. Über- oder Unterdruck und w Gramm Wasser
γ(0°/760) = spezifisches Gewicht des trockenen Gases bei 0°C und 10.330 mm W.S. = 760 mm Barometerstand
b = Barometerstand in mm W.S.
p = Über- oder Unterdruck in mm W.S.
τ = Dampfdruck bei der Temperatur t
w_t = Wassergehalt bei der Temperatur t
b + p = 12000
11800
11600
11400
11200
11000
10800
10600
10400
10330 mm W.S. Barometer
10200
10000
9800
9600
9400
9200
9000
8800
8600
8400
8200
8000
V(t₁/b+p₁) = V(t₂/b+p₂) · (b+p₂−τ₂)/(b+p₁−τ₁) · (273+t₁)/(273+t₂) =
= V(t₂/b+p₂) · K₂/K₁
12000 mm W.S. = 883 mm Q.S.
11800 " " 869
11600 " " 855
11400 " " 840
11200 " " 825
11000 " " 810
10800 " " 795
10600 " " 779
10400 " " 765
10330 " " 760
10200 " " 750
10000 " " 735
9800 " " 721
9600 " " 706
9400 " " 691
9200 " " 677
9000 " " 662
8800 " " 648
8600 " " 633
8400 " " 618
8200 " " 603
8000 " " 589
Dampfspannung = τ, w
Wassergehalt = w
Wassergehalt in gr/cbm
300
200
100
5 10 15 20 25 30 35 40 45 50 55 60 65 70 75
Temperatur in °C = t

B. Staurandmessung.

Wird die Ermittlung der Gasmenge mittelst eines Staurandes nach Abb. 34 oder 35 ausgeführt, so gilt die folgende empirische Gleichung von Brandis:

$$w = m\left(c + k'\sqrt{\frac{h}{\gamma}}\right).$$

Hier ist:

$$m = \left(\frac{d}{D}\right)^2, \qquad c = \frac{k'\sqrt[3]{m} \cdot D}{28\,D - 0{,}2},$$

$$k' = \sqrt{2\,g} \cdot k = 4{,}43 \cdot k, \qquad k' = e^{1{,}02\,(1\,-\,m^{\varepsilon})\,-\,0{,}25},$$

oder in einer anderen Schreibweise

$$k' = e^{\frac{1{,}02}{(1\,-\,m^{\varepsilon})^{0{,}25}}}, \qquad e = 2{,}71828,$$

$$\varepsilon = 1{,}17 + \frac{D^2}{0{,}36};$$

$h = p_1 - p_2 =$ die an beiden Seiten des Staurandes erzeugte Druckdifferenz in mm W.S.,
$\gamma =$ Raumgewicht des Gases in kg/cbm,
$d =$ Durchmesser der Staurandöffnung,
$D =$ Durchmesser des freien Rohrquerschnittes an der Meßstelle,
$w =$ die Geschwindigkeit im freien Rohrquerschnitt in m/sek.

Erfolgt die Druckentnahme nicht direkt vom Staurand, sondern in einer bestimmten Entfernung beiderseits desselben (vgl. Abb. 35), so muß dieses entsprechend berücksichtigt werden. Bei 5 mm Entfernung von der Meßscheibe wird die Korrektion durch den Faktor $\sqrt{1{,}1}$ ausgedrückt.

In diesem Falle würde die obige Gleichung lauten:

$$w = c \cdot m + m\,k'\sqrt{\frac{h}{\gamma}} \cdot \sqrt{1{,}1}\,.$$

Das Durchflußvolumen V ist gleich

$$V = w \cdot F,$$

wo $F =$ der Querschnitt der Rohrleitung in qm.

Die Meßergebnisse sind:

$$d = 0{,}11 \text{ m},$$

$$D = 0{,}15 \text{ m},$$

$$\left(\frac{d}{D}\right)^2 = \left(\frac{0{,}11}{0{,}15}\right)^2 = 0{,}5378,$$

$$k' = 2{,}71828^{1.02\,(1-0{,}5378)^{-0{,}25}} = 3{,}192,$$

$$c = \frac{3{,}192\,\sqrt[3]{0{,}5378}\cdot 0{,}15}{28\cdot 0{,}15 - 0{,}2} = 0{,}0974.$$

Dann ist w unter Anwendung der obigen Gleichung gleich:

$$w = 0{,}0974\cdot 0{,}5378 + 0{,}5378\cdot \sqrt{1{,}1}\cdot 3{,}192\sqrt{\frac{h}{\gamma}};$$

$$w = 0{,}052 + 1{,}773 \text{ (in Metern pro Sekunde)}.$$

Das Durchflußvolumen $V = w\cdot F$;

$$F = \frac{\pi D^2}{4} = \frac{\pi\cdot 0{,}15^2}{4} = 0{,}0177 \text{ qm}.$$

Dann ist V gleich:

$$V = 0{,}052\cdot 0{,}0177 + 1{,}773\cdot 0{,}0177\sqrt{\frac{h}{\gamma}} =$$

$$0{,}00092 + 0{,}0314\sqrt{\frac{h}{\gamma}} \text{ cbm/sek}$$

Kennt man nun andererseits h, γ und V resp. w, so läßt sich aus dieser Gleichung der zweckmäßige Durchmesser (und somit m) der Staurandöffnung ermitteln. Für Überschlagsrechnung setze man dann $k' = \sim 3{,}0$ und $C = 0$.

Die Auswertung der Meßergebnisse nach der Gleichung ist umständlich und zeitraubend; durch Benutzung der Tabelle 6 auf Seite 153 läßt sich die Auswertung bedeutend vereinfachen. Die Tabelle ist von Brandis im Dezimeter-Kilogramm-Sekunde-System zusammengestellt, von Gramberg etwas berichtigt und in Meter und Kubikmeter umgerechnet. Ich habe diese Tabelle mit einigen entsprechenden Zahlenreihen aus der „Hütte" vervollständigt, und in dieser kombinierten Form wird die Zahlentafel 6 gebracht.

Für die Benutzung der Zahlentafel gilt die folgende vereinfachte Gleichung:

$$V = c + k\cdot f\cdot\sqrt{2\,g\frac{h}{\gamma}} = c + K\cdot F\sqrt{2\,g\frac{h}{\gamma}}.$$

c, k und K = Berichtigungsziffern resp. Ausflußzahlen und sind der Zahlentafel zu entnehmen,
f und F = Querschnitte des Staurandes und des Rohres,
$K = k \cdot m$.

Unter Einbeziehung von $\sqrt{2g}$ in die Vorzahl erhält man

$$V = c + k' \cdot f \sqrt{\frac{h}{\gamma}} = c + K' \cdot F \sqrt{2g};$$

$$k' = 4{,}43\,k; \qquad K' = 4{,}43\,K.$$

In der Zahlentafel befindet sich noch eine Zahlenreihe unter K'';

$$K'' = 4{,}43 \cdot K \cdot F.$$

Mit Hilfe der Zahlentafel 6 lassen sich die oben festgestellten Zahlen folgendermaßen auf eine einfache Weise verwerten:

$$D = 0{,}15\text{ m}.$$

$$\left(\frac{d}{D}\right)^2 = \frac{f}{F} = m = 0{,}5378.$$

$$V = c + K \cdot F \cdot \sqrt{2g\frac{h}{\gamma}}.$$

Bei $D = 0{,}15$ und $m = 0{,}5378$ findet man in der Tab. 6 (interpolierend)

$$c = 0{,}00094,$$

$$K = 0{,}4044.$$

F ist, wie oben ausgerechnet, gleich 0,0179 qm.
man erhält somit:

$$V = 0{,}00094 + 0{,}4044 \cdot 0{,}0177 \sqrt{2g\frac{h}{\gamma}}$$

$$= 0{,}00094 + 0{,}4044 \cdot 0{,}0177 \cdot 4{,}43 \sqrt{\frac{h}{\gamma}}$$

$$= 0{,}00094 + 0{,}314 \sqrt{\frac{h}{\gamma}},$$

folglich dasselbe Resultat wie vorhin.

Tabelle 6. Durchfluß- und Berichtigungsziffern zu Staurandmessung nach Brandis für $\gamma = 1$ kg/cbm.

$\frac{f}{F} = m$; $\frac{d}{D} = \sqrt{m}$	$\frac{f}{F} = m = 0{,}5$				$\frac{f}{F} = m = 0{,}6$				$\frac{f}{F} = m = 0{,}7$				$\frac{f}{F} = m = 0{,}8$			
D	k	K	K″	c	k	K	K″	c	k	K	K″	c	k	K	K ′	c
0,10	0,730	0,365	0,01273	0,0004	0,784	0,470	0,01633	0,005	0,054	0,899	0,0208	0,0007	0,981	0,787	0,0273	0,0008
0,15	0,730	0,365	0,0286	0,0009	0,778	0,466	0,0366	0,0011	0,848	0,594	0,0406	0,0015	0,971	0,776	0,0608	0,0018
0,20	0,724	0,362	0,0504	0,0014	0,770	0,462	0,0643	0,0019	0,840	0,589	0,0819	0,0024	0,961	0,767	0,1068	0,0030
0,25	0,720	0,360	0,0782	0,0022	0,766	0,460	0,1000	0,0030	0,831	0,582	0,1264	0,0038	0,949	0,757	0,1650	0,0047
0,30	0,712	0,356	0,1115	0,0028	0,755	0,454	0,1420	0,0038	0,820	0,573	0,1800	0,0050	0,930	0,742	0,233	0,0062
0,35	0,705	0,353	0,1505	0,0038	0,745	0,447	0,1910	0,0052	0,804	0,563	0,240	0,0067	0,912	0,728	0,311	0,0085
0,40	0,697	0,349	0,1945	0,0044	0,737	0,442	0,246	0,0060	0,789	0,552	0,308	0,0080	0,895	0,715	0,398	0,0101
0,45	0,690	0,345	0,243	0,0056	0,723	0,434	0,306	0,0076	0,788	0,545	0,384	0,0100	0,876	0,700	0,493	0,0130
0,50	0,686	0,343	0,298	0,0069	0,714	0,428	0,373	0,0094	0,767	0,537	0,467	0,0120	0,856	0,684	0,596	0,0160
0,55	0,677	0,338	0,357	0,0072	0,707	0,425	0,448	0,0100	0,754	0,528	0,557	0,0130	0,837	0,671	0,708	0,0170
0,60	0,671	0,336	0,422	0,0085	0,697	0,419	0,525	0,0120	0,745	0,522	0,654	0,0160	0,821	0,656	0,823	0,0200
0,70	0,656	0,329	0,562	0,0115	0,682	0,409	0,698	0,0160	0,722	0,505	0,866	0,0215	0,786	0,629	0,871	0,0280
0,80	0,645	0,323	0,718	0,0125	0,666	0,399	0,890	0,0215	0,703	0,492	1,092	0,0280	0,750	0,600	1,335	0,0320

$V = c + k \cdot f \cdot \sqrt{2g\frac{h}{\gamma}}$; $\quad V = c + k' f \sqrt{\frac{h}{\gamma}}$; $\quad V = c + K \cdot F \cdot \sqrt{2g\frac{h}{\gamma}}$; $\quad V = c + K' F \sqrt{\frac{h}{\gamma}}$;

$k' = k \cdot \sqrt{2g} = 4{,}43$; $\quad k' = e^{\frac{1{,}02}{(1 - m^{\varepsilon})^{0{,}25}}}$ mit $e = 2{,}71828$; $\quad m = \frac{f}{F}$; $\quad \varepsilon = 1{,}17 + \frac{D^2}{36}$;

$K = k \cdot m$; $\quad K' = k \cdot m \cdot \sqrt{2g} = k \cdot m \cdot 4{,}43$; $\quad K'' = 4{,}43 \cdot K \cdot F$.

C. Umrechnung des spezifischen Gewichtes.

Die richtige und genaue Ermittlung von γ (spez. Gewicht des zu messenden Gases in kg/cbm) ist für das Resultat der Messung von großer Wichtigkeit. Am zweckmäßigsten erfolgt dieselbe mit dem Apparat von Schilling-Bunsen.

Es ist das spezifische Gewicht mit mindestens drei Dezimalen einzustellen. Setzt man das z. B. zu 0,427 gefundene spez. Gewicht mit 0,42 oder 0,43 ein, so erhält man bei einem Geschwindigkeitsdruck von 5,5 mm eine Differenz in der gelieferten Gasmenge von mindestens 2,0%. Durch Temperaturänderungen ändern sich die Verhältnisse in den Apparaten, man muß also beide Versuche bei der gleichen Temperatur vornehmen. Auch ist es nicht zulässig, den Versuch mit Luft ein für allemal zu machen, man muß beide Versuche kurz hintereinander ausführen. Dieses ist speziell bei der Anwendung des Bunsen-Schillingschen Apparates von Wichtigkeit. Wenn nämlich das Gas nicht staubfrei ist, verstopft sich die kleine Ausflußöffnung. Das kann man an den unregelmäßigen Änderungen der Zeitdifferenzen zwischen den einzelnen Ablesungen erkennen, man staube die Öffnungen vor den Versuchen ab.

Von großer Wichtigkeit ist die gute Durchspülung des Apparates, wenn mit dem Gase gewechselt wird.

Eine Absperrung mit Wasser oder Glyzerin hat den Nachteil, daß hygroskopische Gase, wie CO_2, Feuchtigkeit aufnehmen, wodurch sich das spez. Gewicht merklich ändern kann. Quecksilber als Sperrflüssigkeit wäre vorzuziehen, jedoch bringt diese Anordnung eine entsprechende Abänderung des Apparates mit sich.

Das spez. Gewicht ist gleichzeitig mit der Gasmessung auszuführen. Zur Auswertung gelangt der Durchschnitt von mehreren Messungen.

Die Auswertung der mit dem Schilling-Bunsenschen Apparat erhaltenen Resultate geschieht wie folgt:

Werden die Zeiten, die die Luft und die gleiche Menge Gas bei gleichen Drücken und Temperaturen zum Ausströmen aus dem Schillingschen Apparat, mit Z_l und Z_g bezeichnet, so ist das Verhältnis

$$\gamma = \frac{Z_g^2}{Z_l^2}.$$

Da Luft und Gas unter Wasserabschluß gemessen werden, so sind beide als gesättigt zu betrachten. Das Raumgewicht der feuchten Luft ist

$$\gamma_{l\,(t/b+p)} = 1{,}293 \cdot \frac{b+p-\tau}{760} \cdot \frac{273}{273+t},$$

dasjenige des feuchten Gases

$$\gamma_{g\,(t/b+p)} = \gamma \cdot \gamma_{l\,(t/b+p)} \,.$$

Wird hiervon der Wassergehalt abgezogen und auf 0° und 760 mm Ba reduziert, so ist nach dem Einsetzen von $\gamma_{l\,(t/b+p)}$ das Raumgewicht des trockenen Gases bei 0° und 760 mm Q.-S. gleich:

$$\gamma_{g\,(0/760)} = \left[\left(1{,}293 \cdot \frac{b+p-\tau}{760} \cdot \frac{273}{273+t} + W_t\right) \cdot \gamma - W_t\right] \cdot \frac{760}{b+p-\tau} \cdot \frac{273+t}{273} \text{ kg/cbm} \,.$$

Für die meisten in Frage kommenden Temperaturen (15 bis 20° C) ist der mittlere Wasserdruck p des Schillingschen Apparates nahezu gleich dem Teildruck τ, so daß die Differenz $p - \tau$ praktisch vernachlässigt werden kann. Die geordnete Gleichung wird also lauten:

$$\gamma_{g\,(0/760)} = 1{,}293 \cdot \gamma + W_t \cdot \frac{760}{b} \cdot \frac{273+t}{273} (\gamma - 1) \text{ kg/cbm} \,.$$

An der Meßstelle ist das Raumgewicht des Gases in gesättigtem Zustande

$$\gamma_{g\,(t_m/b+p_m)} = \gamma_{g\,(0/760)} \cdot \frac{b+p_m-\tau_m}{760} \cdot \frac{273}{273+t_m} + W_{t_m} \text{ kg/cbm} \,.$$

Die Auswertung des spez. Gewichtes geschieht auf Grund der Meßergebnisse wie folgt:

Gasart: Generatorgas.

Z_g = die Ausströmungszeit des Gases aus dem Apparat von Schilling-Bunsen = 48,9 sec.

Z_l = die Ausströmungszeit der Luft aus dem Apparat von Schilling-Bunsen = 52,4 sec.

γ = das Verhältnis der Quadrate der Ausströmungszeiten des wassergesättigten Gases zur wassergesättigten Luft, schlechthin spez. Gewicht genannt $= \frac{48,9^2}{52,4^2} = 0,8705$, bezogen auf Luft gleich 1.

$\gamma_{g(^0/_{760})}$ = Das Raumgewicht des trockenen Gases im Normalzustande, s. Gleichung.

W_t = Wasserdampfgehalt des gesättigten Gases in kg/cbm; bei der Arbeitstemperatur t des Gases $= 18^\circ$ C beträgt W_t 15 g = 0,015 kg/cbm.

t = Gastemperatur während der Ausführung der Bestimmung = 18 °C.

b = Barometerstand in mm Q.-S. = 752,5 mm, korrigiert, ergibt 752,5 — 2,5 = 750 mm W.-S. = 750 · 13,6 (spez. Gewicht des Quecksilbers) = 10200 mm W.-S.

p = Überdruck des Gases im Apparat in mm Q.-S. wird hier vernachlässigt.

τ = Dampftension entsprechend der Temperatur t (in diesem Beispiel $t = 18^\circ$ C) wird hier ebenso wie p nicht berücksichtigt.

Dann ist:

$$\gamma_{g(^0/_{760})} = 1,293 \cdot \gamma + W_t \cdot \frac{760}{b} \cdot \frac{273+t}{273} (\gamma - 1) \text{ kg/cbm},$$

$$\gamma_{g(^0/_{760})} = 1,293 \cdot 0,8705 + 0,015 \cdot \frac{760}{750} \cdot \frac{273+18}{273}$$

$$(0,8705 - 1) \text{ kg/cbm},$$

$$\gamma_{g(^0/_{760})} = 1,1256 - 0,021 = 1,1035 .$$

Für die Umrechnung des Raumgewichtes auf die an der Meßstelle herrschenden Verhältnisse sind noch folgende Größen maßgebend:

p_m = Gasüberdruck (Pressung) an der Meßstelle in mm $=$ Q.-S. $\left(= \frac{\text{mm} \cdot \text{W.-S.}}{13,6}\right) = \frac{50}{13,6} = 3,7$ mm.

τ_m = Dampftension entsprechend der an der Meßstelle herrschenden Temperatur $t_m = 40^\circ$ C entspricht eine Wasserdampftension von 747 mm W.-S. $= \frac{747}{13,6} = 54,9$ mm Q.-S.

t_m = Gastemperatur an der Meßstelle = 40° C.

W_{t_m} = Wasserdampfgehalt des gesättigten Gases bei der Temperatur $t_m = 40°$ C, gleich 510 g/cbm = 0,051 kg/cbm.

Das Gas ist an der Meßstelle gesättigt. Wir bezeichnen das Raumgewicht des gesättigten Gases bei den an der Meßstelle herrschenden Temperatur- und Überdruckverhältnissen mit $\gamma_{g(t_m/b+p_m)}$

Dann ist nach der obigen Gleichung

$$\gamma_{g(t_m/b+p_m)} = 1{,}1035 \cdot \frac{750 + 3{,}7 - 54{,}9}{760} \cdot \frac{273}{273 + 40}$$

$$+ 0{,}051 \text{ kg/cbm} = 0{,}8850 + 0{,}051 = 0{,}936 \text{ kg/cbm}\,.$$

Die Umrechnung nach der etwas umständlichen Gleichung kann bei Benutzung des Diagramms in Abb. 38 erleichtert werden.

Es wurde vorhin das spez. Gewicht des Gases bei 0° und 760 mm Ba zu 1,1035 ermittelt; aus der Abb. 38 entnimmt man die Umrechnungsfaktoren. Für $t_m = 40°$ C und $b + p_m = 750 + 3{,}7 = 753{,}7$ mm Q.-S. = 10250 mm W.-S. gilt der Faktor 0,802. Man erhält somit dieselben Resultate auf schnellerem Wege:

$$1{,}1035 \cdot 0{,}802 = 0{,}885 + 0{,}051 = 0{,}936 \text{ kg/cbm}\,.$$

D. Messungsresultat.

Nachdem γ ermittelt ist, muß es in das Resultat der Druckdifferenzmessung eingesetzt werden.

Dann läßt sich das Resultat der Messung folgendermaßen auswerten:

Heizgas für Verbundöfen: Generatorgas.

Mikromanometer: Rosenmüller.

Übersetzung 1 : 5.

Flüssigkeit: Alkohol.

Spez. Gewicht des Alkohols (ermittelt mit einem Pyknometer und umgerechnet mit Rücksicht auf die Temperaturverhältnisse) = 0,816.

Gemessene Druckdifferenz (durchschnittlicher Ausschlag am geneigten Rohr) = 38,25 mm, also

$$p_1 - p_2 = h = \frac{38{,}25 \cdot 0{,}816}{5} = 6{,}2424 \text{ mm W.-S.}$$

Barometerstand gemessen	752,2 mm Q.-S.
Korrektur entsprechend der Glasausdehnung	2,2 ,, ,,
Wirklicher Barometerstand	750 mm Q.-S.

$$= 750 \cdot 13{,}6 = 10200 \text{ mm W.-S.}$$

Temperatur an der Meßstelle t_m (korrigiert = 40° C).
Gasüberdruck (Pressung in der Leitung p_m = 50 mm W.-S.).

$$V_{\text{sek}} = 0{,}00092 + 0{,}0314 \sqrt{\frac{h}{\gamma}} \text{ cbm/sec (wie oben).}$$

Dann ist

$$V_{\text{sek}} = 0{,}00092 + 0{,}0314 \sqrt{\frac{6{,}2424}{0{,}936}} = 0{,}00092$$

$$+ 0{,}0314 \cdot 2{,}5826 = 0{,}0821 \text{ cbm/sec}$$

oder in 24 St.

$$0{,}0821 \cdot 3600 \cdot 24 = 7093 \text{ cbm/24 St.},$$

bei 50° C und einem Druck von 10200 + 50 mm W.-S.

Für die Umrechnung auf normale Verhältnisse (0° C, 760 mm Q.-S. = 10 330 mm W.-S.) gilt für wassergesättigte Gase die Gleichung

$$V_0 = V_m \frac{b + p_m - \tau_m}{760 - \tau_0} \cdot \frac{273}{273 + t_m},$$

b = 10 200 mm W.-S.,
p_m = 50 mm W.-S.,
τ_m = bei 40° C = 747 mm W.-S.,
τ_0 = bei 0° C = 63 mm W.-S.,
t_m = 40° C.

Dann ist

$$V_{0/760} = 7093 \cdot \frac{10\,200 + 50 - 747}{10330 - 63} \cdot \frac{273}{273 + 40}$$

$$= 5684 \text{ cbm bei } 0° \text{ und } 760 \text{ mm Ba}.$$

Man kann diese Rechnung mittels des Diagramms in Abb. 38 vereinfachen.

Danach wäre:

$$7093 \cdot \frac{0{,}802}{0{,}988} = 5684 \text{ cbm/24 St. bei } 0°/_{760} \text{ Ba}.$$

Bezüglich der weiteren Berechnungsarten möchte ich auf mein vorhin erwähntes Buch[1]) verweisen.

Es ist somit folgendes festgestellt worden:

I. Heizgasverbrauch im Falle I (Kokereiofen) gleich 23 300 cbm Kohlendestillationsgas von 0° und 760 mm Ba pro St. = 23 300 · 24 = 559 200 cbm bei 0° C und 760 mm Ba in 24 St.

II. Heizgasverbrauch im Falle II (Gaswerksofen) gleich 5684 cbm/24 St. bei 0° C und 760 mm Ba.

Der untere Heizwert des Kohlendestillationsgases beträgt bei 0° und 760 mm Ba 3950 WE; derselbe des Generatorgases ist ebenfalls auf Normalverhältnisse umgerechnet gleich 1127 WE pro Kubikmeter.

Der Trockenkohlendurchsatz in den Koksöfen beträgt durchschnittlich 3 163 500 kg in 24 St. Folglich ist der Wärmeverbrauch für die Destillation eines Kilogramms Kokskohle im Koksofen gleich

$$\frac{559\,200 \cdot 3950}{3\,163\,500} = 635 \text{ WE}$$

pro Kilogramm trockene Kokskohle.

Im zweiten Falle (ein kleiner Gaswerksofen) betrug der Kohlendurchsatz 9029 kg in 24 St. Somit resultiert hier ein Wärmeaufwand (bei höheren Entgasungstemperaturen als im Koksofen) von

$$\frac{5684 \cdot 1127}{9022} = 709 \text{ WE}$$

pro Kilogramm Kohle.

Die auf diese Weise gefundenen Zahlen sind im allgemeinen von dem Ofensystem, Betriebsart, Kohlenart usw. abhängig, worauf jedenfalls Rücksicht zu nehmen ist.

Dieser Abschnitt ist vorzugsweise als ein Schema zur Vornahme ähnlicher Feststellungen in Kohlendestillationsbetrieben zu betrachten, auf Grund deren Maßnahmen zur Verringerung des Wärmeverbrauches zu treffen wären.

---

[1]) L. Litinsky, Messung großer Gasmengen. Anleitung zur praktischen Ermittlung großer Mengen von Gas- und Luftströmen in technischen Betrieben. Mit 138 Abbildungen, 37 Rechenbeispielen, 8 Tabellen im Text, sowie 13 Schaubildern und Rechentafeln im Anhang. Leipzig, 1922. Otto Spamer.

VII. Zur Beurteilung der Wärmeverluste im Schornstein nach dem CO_2-Gehalt der Abgase.

Der Kohlensäuregehalt der Verbrennungsprodukte bildet einen anerkannten Maßstab zur Beurteilung des Verbrennungseffektes. Zahlreiche Konstruktionen von registrierenden Apparaten sind entstanden, um den Kohlensäuregehalt der Rauchgase dauernd aufzuschreiben. Die Diagrammstreifen dieser Apparate bilden ein unentbehrliches Hilfsmittel für den Betriebstechniker, um den Wirkungsgrad seiner Feuerung, sei es Dampfkessel, keramische, metallurgische oder sonstige Öfen, zu überwachen.

Vielfach herrscht jedoch noch keine klare Vorstellung darüber, welcher Kohlensäuregehalt bei Anwendung von verschiedenen Brennstoffen als normal anzusehen ist.

Bei Verwendung von Steinkohlen als Feuerungsmaterial sind die Rückschlüsse aus dem CO_2-Gehalt etwas einfacher, weil trotz der Verschiedenheit der Steinkohlensorten die bei der Verbrennung derselben entstandenen Mengen Rauchgase und deren Gehalt an Kohlensäure sich ziemlich in den gleichen Grenzen halten und bei verschiedenen Steinkohlensorten sich nur wenig voneinander unterscheiden. In der Anlage 7 (Anhang, Seite 188) sind diese Verhältnisse für Steinkohle tabellarisch gezeigt.

Anders ist es dagegen bei gasförmigen Brennstoffen. In der neuen Zeit werden immer neue Gasarten (vgl. Anlage 5 auf S. 186) als Brennstoffe in verschiedensten Betrieben verwendet. Mit fortschreitender Anwendung dieser verschiedenen Gasarten muß man der Wärmetechnik dieser Gase mehr Aufmerksamkeit schenken. Wie weiter unten gezeigt wird, ist die Anlage 7 (Anhang, Seite 188) für die Beurteilung der Verbrennung bei gasförmigen Brennstoffen absolut nicht anwendbar; die Erklärung dafür liegt in der Zusammensetzung der verschiedenen gasförmigen Brennstoffe.

Wir werden sehen, daß es Gase gibt, die bei normaler Verbrennung über 23% Kohlensäure in den Rauchgasen aufweisen, während es andererseits auch solche gibt, bei denen der höchste Gehalt der Verbrennungsprodukte an CO_2 bei normaler Verbrennung kaum 10% erreicht.

Es sind zum Vergleich die folgenden 4 Gasarten herangezogen:

1. Koksofengas (Tabelle 7),
2. Braunkohlengas (Tabelle 8),
3. Gichtgas (Tabelle 9) und
4. Generatorgas (Tabelle 10).

Für die sämtlichen vier in den Tabellen 7 bis 10 durchgerechneten Fälle mit verschiedenen Gasarten wurden die folgenden gleichen Bedingungen zugrunde gelegt:

Temperatur der Abgase im Schornstein ist mit 250° C angenommen.

Feuchtigkeits- und CO_2-Gehalt der Verbrennungsluft werden nicht berücksichtigt.

Die Berechnung basiert auf der Verbrennung von kaltem Gas.

Es ist ein Gehalt der sämtlichen vier Gase an Wasserdampf entsprechend einer Sättigungstemperatur von 30° C zugrunde gelegt.

Die mittlere spezifische Wärme pro Kubikmeter bei konstantem Druck und 250° C ist gleich:

für H_2O-Dampf = 0,376,
für CO_2 = ,0434,
für permanente Gase = 0,317.

Luftbedarf und entstandene Verbrennungsprodukte errechnet (unter Berücksichtigung des bereits im Gase gegebenenfalls enthaltenen O_2) unter Zuhilfenahme der Anlage 4 im Anhang (siehe Seite 185).

Bezüglich der Berechnung der Tabellen selbst vgl. zum Teil auch Seite 58 dieses Buches.

Vergleichen wir nun die fettgedruckten Zahlenreihen 1, 8 und 11 der Tabellen 7 bis 10, so sehen wir, daß der in Prozenten vom Heizwert ausgedrückte Wärmeverlust mit steigendem Luftüberschuß sich ziemlich in der gleichen Höhe hält; will man dagegen auf den Kaminverlust bzw. auf den Luftüberschuß aus dem Kohlensäuregehalt der (wasserfreien oder wasserhaltigen) Rauchgase schließen, so sieht man, daß z. B. demselben Wärmeverlust im Kamin von 15% bei den verschiedenen Gasen folgende Kohlensäuremengen in den Rauchgasen entsprechen:

1. Koksofengas = 6,3%,
2. Braunkohlengas = 15,5%,
3. Gichtgas = 23%,
4. Generatorgas = 16,7%.

Tabelle 7. Verbrennungsprodukte, CO_2-Gehalt und Kaminverluste des **Koksofengases**.

Art und Zusammensetzung des Gases	Luftüberschuß in %	1 cbm des Koksofengases liefert bei der Verbrennung eine Abgasmenge in cbm: H_2O-Dampf (aus der Verbrennung d. Wasserstoffes und Kohlenwasserstoffe + H_2O-Dampfgehalt des Koksofengases)	CO_2	N_2	O_2	Zusammen	% CO_2 in den Abgasen, berechnet auf: Wasserhaltige Abgase	Wasserfreie Abgase	Die Wärmekapazität der bei der Verbrennung von 1 cbm des Koksofengases entstehenden Rauchgase bei einer Schornsteintemperatur von 250°	Der Kaminverlust beträgt: In WE per cbm des Koksofengases	In % vom Heizwert des Koksofengases
	1	2	3	4	5	6	7	8	9	10	11
Koksofengas	**0**	1,104	0,387	3,387	—	4,878	7,9	**10,3**	1,647 · 250 = 412	412	**10,3**
H_2 = 52,3%	**5**	1,104	0,387	3,546	0,043	5,080	7,6	**9,7**	1,711 · 250 = 428	428	**10,7**
CH_4 = 24,8 ,,	**10**	1,104	0,387	3,705	0,086	5,282	7,3	**9,2**	1,775 · 250 = 444	444	**11,1**
CO = 5,6 ,,	**15**	1,104	0,387	3,864	0,130	5,485	7,0	**8,8**	1,839 · 250 = 460	460	**11,5**
C_2H_4 = 1,7 ,,	**20**	1,104	0,387	4,023	0,173	5,687	6,8	**8,4**	1,903 · 250 = 476	476	**11,2**
C_6H_6 = 0,4 ,,	**25**	1,104	0,387	4,182	0,217	5,890	6,5	**8,1**	1,968 · 250 = 492	492	**12,3**
CO_2 = 2,5 ,,	**30**	1,104	0,387	4,341	0,260	6,092	6,3	**7,8**	2,032 · 250 = 508	508	**12,7**
N_2 = 12,7 ,,	**35**	1,104	0,387	4,498	0,303	6,292	6,1	**7,5**	2,096 · 250 = 524	524	**13,1**
Summa 100,0%	**40**	1,104	0,387	4,657	0,346	6,494	5,9	**7,2**	2,162 · 250 = 540	540	**13,5**
Unterer Heizwert (s. Anlage 2 und 3 im Anhang): 4006 WE.	**45**	1,104	0,387	4,816	0,390	6,696	5,8	**7,0**	2,226 · 250 = 556	556	**13,9**
	50	1,104	0,387	4,975	0,433	6,899	5,6	**6,7**	2,290 · 250 = 572	572	**14,3**
	55	1,104	0,387	5,134	0,476	7,101	5,4	**6,5**	2,354 · 250 = 590	590	**14,8**
	60	1,104	0,387	5,293	0,519	7,303	5,3	**6,3**	2,418 · 250 = 604	604	**15,1**
	65	1,104	0,387	5,452	0,563	7,506	5,2	**6,1**	2,484 · 250 = 621	621	**15,5**

Tabelle 8. Verbrennungsprodukte, CO_2-Gehalt und Kaminverluste des **Braunkohlengases.**

Art und Zusammensetzung des Gases	Luftüberschuß in %	1 cbm des Braunkohlengases liefert bei der Verbrennung eine Abgasmenge in cbm					% CO_2 in den Abgasen; berechnet auf		Die Wärmekapazität der bei der Verbrennung von 1 cbm des Braunkohlengases entstehenden Rauchgase bei einer Schornsteintemperatur von 250° C	Der Kaminverlust beträgt	
		H_2O-Dampf (aus der Verbrennung von Wasserstoff und Kohlenwasserstoffe + Wasserdampfgehalt des Braunkohlengases)	CO_2	N_2	O_2	Zusammen	Wasserhaltige Abgase	Wasserfreie Abgase		In WE per 1 cbm des Braunkohlengases	In % vom Heizwert des Braunkohlengases
	1	2	3	4	5	6	7	8	9	10	11
Braunkohlengas	**0**	0,248	0,393	1,586	—	2,227	17,6	**19,9**	0,767 · 250 = 192	192	**12,1**
H_2 = 14,0%	**5**	0,248	0,393	1,641	0,015	2,297	17,1	**19,1**	0,789 · 250 = 197	197	**12,5**
CH_4 = 2,8 „	**10**	0,248	0,393	1,696	0,030	2,367	16,6	**18,5**	0,811 · 250 = 203	203	**12,9**
CO = 27,0 „	**15**	0,248	0,393	1,751	0,044	2,436	16,1	**18,1**	0,833 · 250 = 208	208	**13,2**
O_2 = 0,6 „	**20**	0,248	0,393	1,806	0,059	2,506	15,7	**17,7**	0,855 · 250 = 214	214	**13,5**
C_6H_6 = 0,5 „	**25**	0,248	0,393	1,861	0,074	2,576	15,2	**17,1**	0,877 · 250 = 219	219	**13,9**
CO_2 = 6,5 „	**30**	0,248	0,393	1,916	0,088	2,645	14,8	**16,4**	0,899 · 250 = 225	225	**14,2**
N_2 = 48,6 „	**35**	0,248	0,393	1,971	0,103	2,715	14,4	**15,9**	0,921 · 250 = 230	230	**14,6**
Summa: 100,0%	**40**	0,248	0,393	2,026	0,118	2,785	14,0	**15,5**	0,943 · 250 = 236	236	**14,9**
Unterer Heizwert (s. Anlage 2 und 3 im Anhang): 1584 WE.	**45**	0,248	0,393	2,081	0,132	2,854	13,7	**15,1**	0,965 · 250 = 241	241	**15,2**
	50	0,248	0,393	2,136	0,147	2,924	13,4	**14,7**	0,987 · 250 = 247	247	**15,6**
	55	0,248	0,393	2,191	0,162	2,994	13,1	**14,3**	1,009 · 250 = 252	252	**15,9**
	60	0,248	0,393	2,246	0,176	3,064	12,8	**13,9**	1,031 · 250 = 258	258	**16,2**
	65	0,248	0,393	2,301	0,191	3,133	12,6	**13,6**	1,053 · 250 = 263	263	**16,5**

Tabelle 9. Verbrennungsprodukte, CO_2-Gehalt und Kaminverluste des Gichtgases.

Art und Zusammensetzung des Gases	Luftüberschuß in %	1 cbm des Gichtgases liefert bei der Verbrennung eine Abgasmenge in cbm: H_2O-Dampf (aus der Verbrennung d. Wasserstoffes + Wasserdampfgehalt der Gichtgase)	CO_2	N_2	O_2	Zusammen	% CO_2 in den Abgasen; berechnet auf: Wasserhaltige Abgase	Wasserfreie Abgase	Die Wärmekapazität der bei der Verbrennung von 1 cbm des Gichtgases entstehenden Rauchgase bei einer Schornsteintemperatur von 250° C	Der Kaminverlust beträgt: In WE per 1 cbm des Gichtgases	In % vom Heizwert des Gichtgases
	1	2	3	4	5	6	7	8	9	10	11
Gichtgas.	**0**	0,062	0,365	1,203	—	1,630	22,4	**23,2**	0,562 · 250 = 140	140	**14,8**
H_2 = 2,5%	**5**	0,062	0,365	1,233	0,008	1,668	21,8	**22,7**	0,574 · 250 = 143	143	**15,2**
CO = 29,0 ,,	**10**	0,062	0,365	1,263	0,016	1,706	21,3	**22,3**	0,586 · 250 = 146	146	**15,5**
CO_2 = 7,5 ,,	**15**	0,062	0,365	1,293	0,024	1,744	20,9	**21,8**	0,598 · 250 = 149	149	**15,8**
N_2 = 61,0 ,,	**20**	0,062	0,365	1,322	0,033	1,782	20,5	**21,3**	0,610 · 250 = 152	152	**16,1**
Summa: 100,0%	**25**	0,062	0,365	1,352	0,041	1,820	20,0	**20,8**	0,622 · 250 = 155	155	**16,4**
Unterer Heizwert (s. Anlage 2 und 3 im Anhang): 944 WE.	**30**	0,062	0,365	1,382	0,049	1,858	19,6	**20,4**	0,634 · 250 = 158	158	**16,7**
	35	0,062	0,365	1,411	0,057	1,895	19,2	**20,0**	0,646 · 250 = 161	161	**17,0**
	40	0,062	0,365	1,441	0,066	1,934	18,9	**19,5**	0,658 · 250 = 164	164	**17,4**
	45	0,062	0,365	1,471	0,074	1,972	18,5	**19,1**	0,671 · 250 = 167	167	**17,7**
	50	0,062	0,365	1,500	0,082	2,009	18,2	**18,7**	0,683 · 250 = 171	171	**18,0**
	55	0,062	0,365	1,531	0,091	2,049	17,9	**18,4**	0,695 · 250 = 174	174	**18,4**
	60	0,062	0,365	1,562	0,099	2,088	17,5	**18,0**	0,708 · 250 = 177	177	**18,7**
	65	0,062	0,365	1,593	0,107	2,127	17,2	**17,7**	0,720 · 250 = 180	180	**18,9**

Tabelle 10. Verbrennungsprodukte, CO_2-Gehalt und Kaminverluste des **Generatorgases.**

Art und Zusammensetzung des Gases	Luftüberschuß in %	1 cbm des Generatorgases liefert bei der Verbrennung eine Abgasmenge in cbm					% CO_2 in den Abgasen; berechnet auf		Die Wärmekapazität der bei der Verbrennung von 1 cbm des Generatorgases entstehenden Rauchgase bei einer Schornsteintemperatur von 250° C	Der Kaminverlust beträgt	
		H_2O-Dampf (aus der Verbrennung von Wasserstoff und Methan + Wasserdampfgehalt des Generatorgases	CO_2	N_2	O_2	Zusammen	Wasserhaltige Abgase	Wasserfreie Abgase		In WE per 1 cbm des Generatorgases	In % vom Heizwert des Generatorgases
	1	2	3	4	5	6	7	8	9	10	11
Generatorgas.	**0**	0,145	0,323	1,326	—	1,794	18,0	**19,6**	0,615 · 250 = 154	154	**13,0**
H_2 = 9,98%	**5**	0,145	0,323	1,364	0,010	1,842	17,5	**19,0**	0,630 · 250 = 157	157	**13,3**
CH_4 = 0,42 ,,	**10**	0,145	0,323	1,402	0,020	1,890	17,1	**18,5**	0,645 · 250 = 161	161	**13,6**
CO = 29,30 ,,	**15**	0,145	0,323	1,439	0,030	1,937	16,6	**18,0**	0,660 · 250 = 165	165	**13,9**
O_2 = 0,45 ,,	**20**	0,145	0,323	1,477	0,040	1,985	16,2	**17,6**	0,675 · 250 = 169	169	**14,2**
CO_2 = 2,60 ,,	**25**	0,145	0,323	1,513	0,050	2,031	15,8	**17,1**	0,690 · 250 = 172	172	**14,5**
N_2 = 57,25 ,,	**30**	0,145	0,323	1,551	0,060	2,079	15,5	**16,7**	0,705 · 250 = 176	176	**14,9**
Summa: 100,0%	**35**	0,145	0,323	1,589	0,070	2,127	15,2	**16,2**	0,720 · 250 = 180	180	**15,2**
Unterer Heizwert (s. Anlage 2 und 3 im Anhang): 1181 WE.	**40**	0,145	0,323	1,626	0,080	2,174	14,8	**15,8**	0,735 · 250 = 184	184	**15,5**
	45	0,145	0,323	1,664	0,090	2,222	14,5	**15,5**	0,750 · 250 = 187	187	**15,8**
	50	0,145	0,323	1,702	0,100	2,270	14,2	**15,2**	0,765 · 250 = 191	191	**16,1**
	55	0,145	0,323	1,739	0,110	2,317	13,9	**14,9**	0,780 · 250 = 195	195	**16,5**
	60	0,145	0,323	1,777	0,120	2,365	13,6	**14,6**	0,795 · 250 = 199	199	**16,8**
	65	0,145	0,323	1,814	0,130	2,412	13,3	**14,4**	0,810 · 250 = 202	202	**17,1**

Man ersieht aus dem obigen, wie wichtig es ist, die analytische Zusammensetzung der gasförmigen Brennstoffe dauernd zu kontrollieren und daraus laut Anlage 4 (im Anhang) die Verbrennungsprodukte zu berechnen, um aus dem Vergleich der rechnierischen und empirischen Feststellung des CO_2-Gehaltes auf den Nutzeffekt der Feuerung bei der Verbrennung des einen oder anderen Gases schließen zu können.

VIII. Trockne oder nasse Löschweise des Kokses.

Bei jedem, der auch nur einmal eine Kokerei oder ein Gaswerk betreten hat, tauchte wohl sicher die Frage auf, ob es nicht möglich wäre, die Energie, die beim Löschen des Kokses in den gewaltigen Dampfmengen nutzlos gen Himmel emporsteigt, auf die eine oder andere Weise zu verwerten. In dem vorliegenden Abschnitt wird deshalb versucht, zu zeigen, was bei der bisherigen Löschweise des Kokses verloren ging, wie man versuchte, diese Verluste zu vermeiden oder wenigstens zu vermindern, und wie es schließlich praktisch gelungen ist, das interessante Problem in einer einfachen, betriebssicheren und rentablen Weise unter gleichzeitiger Verbesserung der Koksqualität zu lösen. Im übrigen wird auf die diesbezügliche Monographie[1]) des Verfassers hingewiesen, worin der Gegenstand viel eingehender behandelt wird.

Wie groß der prozentuale bzw. absolute Wärmeverlust ist, der dadurch entsteht, daß die Glutwärme des ausgestoßenen Kokskuchens nicht verwertet wird, ersieht man aus den folgenden Zeilen.

Rund 3% des Kohlenheizwertes sind in der Wärme des heißen Kokses enthalten, die durch Löschen mit Wasser vernichtet werden. Auf die Koksmenge umgerechnet (durchschnittliches Koksausbringen = 75%) ergibt es dann 4%. Die Temperaturen des Kokskuchens schwanken im allgemeinen zwischen 900 und 1100° C. Bei den Gaswerksöfen,

[1]) L. Litinsky, O.-Ing., Trockene Kokskühlung mit Verwertung der Koksglut. Monographien zur Feuerungstechnik, Heft 4. Leipzig 1922. O. Spamer.

kann man allgemein annehmen, daß der Kokskuchen aus dem Ofen mit etwa 1100 bis 1150° C herauskommt.

Es kann somit die Temperatur des Kokses ohne weiteres mit rund 1000° C angenommen werden.

Die im Kokskuchen enthaltene Wärmemenge wird aus dem Produkt von Temperatur und mittlerer spezifischer Wärme ermittelt. Für 1000° C beträgt die spezifische Wärme des Kokses rund 0,4[1]). Dementsprechend sind in 1 kg heißen Kokses von 1000° C $1000 \cdot 0{,}4 = 400$ WE enthalten, die, wie weiter gezeigt wird, zum größten Teil nutzbar gemacht werden können.

Was solche Wärmeverluste für das Nationalvermögen bedeuten, ersieht man aus folgendem. Nach vorliegenden praktischen Erfahrungen, über die weiter noch berichtet wird, kann der Koks in den Anlagen zur Verwertung der in ihm enthaltenen Glut rationell auf etwa 250° C (und darunter) heruntergekühlt werden; folglich können mindestens $^3/_4$ der im heißen Koks enthaltenen Wärmemenge nutzbar gemacht werden. Das ergibt etwa 300 000 WE pro Tonne Koks. Selbst unter der Annahme der ungünstigsten Dampferzeugungsbedingungen (850 WE pro Kilogramm Dampf) kann man mit dieser Wärmemenge, wie praktische Versuche beweisen, rund 0,35 t Dampf mit einer Spannung von 6 bis 10 Atm. und höher pro Tonne Kokserzeugung erhalten.

Unter der Annahme einer jährlichen Kokserzeugung in Deutschland von 30 000 000 t ging bis jetzt mit der unverwerteten Glut des Kokses über eine Milliarde Pferdekraftstunden verloren. Oder mit anderen Worten ausgedrückt, durch Vernachlässigung dieser gewissermaßen kostenlosen Wärmequelle wurden jährlich

$$\frac{30\,000\,000 \cdot 4}{100} = 1\,200\,000 \text{ t}$$

Koks verschleudert.

Das Löschen des heißen Kokses mit Wasser bringt auch weitere nicht unbedeutende Nachteile mit sich.

---

[1]) Nach neueren Untersuchungen von Terres und Schaller mit deren Veröffentlichung in der Zeitschrift „Das Gas- und Wasserfach" 1922 Heft 48 begonnen wurde, beträgt die mittlere spez. Wärme des Kokses mit 15% Aschegehalt:

zwischen	20	und	250°	— 0,230
„	20	„	950°	— 0,357
„	250	„	950°	— 0,398

Mit der Verkokung bzw. trockenen Destillation (Entgasung) der Kohle ist gleichzeitig auch eine teilweise Entschwefelung der Kohle verbunden.

Es verbleiben aber im Koks bedeutende Mengen Schwefel in Form von Sulfid, Sulfat und org. Schwefel, die beim Löschen des frischgezogenen Kokskuchens mit Wasser mit dem letzteren unter Bildung von Schwefelwasserstoffsäure (bzw. schwefliger Säure) reagieren.

Der Stickstoff der Kohle verhält sich beim Verkokungsprozeß ähnlich wie der Schwefel.

Es braucht nicht vor Augen gehalten zu werden, daß die von den Dampfschwaden mitgeführten Verbindungen von Schwefel und Stickstoff auf Eisen, Beton usw. zerstörend einwirken.

Beim Löschen des heißen Kokses mit Wasser entstehen in den einzelnen Koksstücken zahlreiche Risse und Sprünge, so daß beim Transport und Verladen die Koksstücke zerfallen und einen großen Teil Kleinkoks ergeben, der nur schlechten Absatz findet und deshalb die Rentabilität der Kohlendestillationsanlagen herabsetzt. Wird der Koks statt dem Besprengen direkt in Wasser eingetaucht, so ist die Wirkung des Wassers noch unheilvoller.

Der Wassergehalt des Kokses wechselt je nach den Verhältnissen sehr stark. Er schwankt normal zwischen 5 und 20% und ist zuweilen bedauerlicherweise noch höher.

Wird ein absolut trockener Koks für Unterfeuerungszwecke bei Gaswerksöfen verwendet, so entstehen dabei nicht unbedeutende Ersparnisse gegenüber der Verwendung von wasserhaltigem Koks, wie es die folgende Überschlagsrechnung zeigt.

100 kg Koks mit nur 10% Wassergehalt entwickeln im Generator bei nasser Vergasung (unter der Annahme eines Koksheizwertes von 6400 WE und eines Wirkungsgrades des Generators von 80%)

$$\frac{100 \cdot 6400 \cdot 80}{100} = 512\,000 \text{ WE}.$$

Die in diesen 100 kg Koks enthaltenen 10 kg Wasser müssen verdampft und der entstandene Dampf muß auf die Temperatur der aus dem Generator abziehenden Generatorgase (das sind rund 1000°) erhitzt werden.

Der Wärmeaufwand für diese 10 kg Wasser (10% von dem oben angenommenen Koksgewicht) setzt sich folgendermaßen zusammen:

1. Um 10 kg Wasser in Dampf von 100° C überzuführen, benötigt man rund $10 \cdot 63 = 6300$ WE.

2. Um 10 kg = 10 : 0,6 (Raumgewicht des Wasserdampfes) = 17 cbm Wasserdampf von 100° auf 1000° zu erhitzen, benötigt man ferner 17 · (1000 bis 100) · 0,4 (spez. Wärme des Wasserdampfes) = 6120 WE.

Das im Koks enthaltene Wasser verursacht hiermit bei nur 10% Feuchtigkeitsgehalt einen Mehraufwand an Wärme von

$$6300 + 6120 = 12\,420 \text{ WE} = \frac{12\,420 \cdot 100}{6400 \cdot 100} = 1{,}94\,\%$$

oder rund 2% vom Koksheizwert.

Wird also absolut trockener Koks für die Unterfeuerung verwendet, so resultiert eine Wärmeersparnis von mindestens 2% vom Koksheizwert. Bei einem mittleren Gaswerk von 20 000 000 cbm Jahresleistung, einem Unterfeuerungsverbrauch von 15% Koks pro 100 kg Kohle und einem Kokspreis von 1300 ℳ pro Tonne (Mai 1922) würde man jährlich eine Ersparnis von rund 235 000 ℳ haben.

Wir haben soeben gesehen, daß es sowohl für Selbstverbraucher (Hüttenwerke, Gaswerke), als auch für außenstehende Konsumenten (Industrie, Haushalt) von großem Vorteil ist, einen wasserfreien Koks zu erhalten. Auch wird dadurch die Eisenbahn mit ihrem zur Zeit leider sehr beschränkten Bestand an Rollmaterial etwas entlastet, da der absolut unnötige Wasserballast nicht mehr transportiert zu werden braucht. Würde man den Koks nach dem Heizwert oder nach Raumeinheiten (Hektoliter) verkaufen, so würden sowohl der Verkäufer als auch der Abnehmer dafür sorgen, daß kein Wasser im Koks enthalten wäre.

Solange jedoch Koks nach dem Gewicht verkauft wird, ist dem Verkäufer ein hoher Wassergehalt im Koks sehr willkommen. Es kommt leider viel zu häufig vor, daß die Produzenten zur Steigerung der Einträglichkeit ihrer Werke zusammen mit dem Koks auch das dem letzteren absichtlich zugesetzte Wasser mitverkaufen. Dabei hätte mancher Abnehmer zu gern den Betrag bezahlt, der ihm für das Wassergewicht als für Koks verrechnet wird, um nur von vornherein dieses unnötige und die Qualität des Brennstoffes verschlechternde Wasserpantschen zu verhindern. Aber in der Zeit der Brennstoffnot nimmt der Verbraucher jeden Brennstoff an, den er nur bekommen kann, wenn es auch zum Schaden der Wirtschaftlichkeit der Betriebe und überhaupt zum Schaden des ganzen Wirtschaftslebens ist.

So unangenehm es mir ist, dieses Thema schon allein aus ethischen Motiven zu berühren, bin ich doch in der Lage, zur Beruhigung derjenigen Betriebe, die keinen besseren Weg zur Hebung der Wirtschaftlichkeit finden, als Verschlechterung der teuren Brennstoffe, mitzuteilen, daß nichts im Wege steht, auch bei der Anwendung der trockenen Kokskühlung dem Koks so viel Wasser zuzusetzen, als es für den einen oder anderen Zweck (z. B. zur Schonung der Waggons, wenn die Kokswärme nur bis 250° C ausgenutzt ist, zum Niederschlagen des Staubes usw.) nötig oder geboten erscheint. Einwände, daß der trocken gekühlte Koks bei weitem nicht mehr in dem Maße wasseraufnahmefähig ist als der heiße, frisch aus dem Ofen gedrückte Koks, sind nicht stichhaltig. „Die Wasseraufnahme von frisch gedrücktem, glühendem Koks in kaltem Wasser stellt sich ca. 3 bis 5% höher als die von kaltem Koks.“ (Simmersbach, Kokschemie, 2. Auflage, S. 131; auf diese Zahlen stützt sich übrigens auch das Rheinisch-westfälische Kohlensyndikat in Essen.) Neuere Versuche von Dr. Ott in Zürich ergeben das gleiche Resultat. Mit anderen Worten, wenn der heiße Koks mit Wasser gelöscht beispielsweise 20% Wasser aufnehmen kann, wird der abgekühlte Koks beim Besprengen mit Wasser höchstens

$$\frac{20 \cdot 5}{100} = 1\%$$

Wasser weniger haben, also 19%; ein solcher Unterschied ist selbstverständlich nicht von Bedeutung.

Es kann somit dem auf trockene Weise abgekühlten Koks Wasser in einem Maße zugesetzt werden, wie nach dem Stand der Erträglichkeit des einen oder anderen Kohlendestillationsbetriebes als geboten erscheint. Wenn auch vom Standpunkt des Konsumenten das Wasser im Koks sehr unerwünscht, ja sogar verwerflich ist, so ist doch zu berücksichtigen, daß in diesem Falle das Wasser bereits nach der erfolgten trockenen Kokskühlung zugesetzt wird, also nachdem bereits mindestens drei Viertel der im glühenden Koks enthaltenen Wärme verwertet worden sind; ferner ist die physikalische Einwirkung des Wassers auf den zum größten Teil bereits abgekühlten Koks (etwa auf 200 bis 250° C) nicht mehr schädlich und ruft infolgedessen nicht solche Erscheinungen (Verringerung der Koksfestigkeit, Bildung von schwefliger Säure usw.) hervor, wie dieselben beim plötzlichen Überbrausen der heißen Koksmassen mit einem kalten Wasserstrahl oder beim Untertauchen derselben in Wasser auftreten.

Die obigen Betrachtungen sollen jedoch nicht als eine Ermunterung zum „Verwässern" des Kokses dienen. Vom Standpunkte des Konsumenten und überhaupt vom Standpunkte der gesunden Wirtschaftspolitik darf man dem Koks kein Wasser zusetzen.

Die beim Löschen des heißen Kokses mit Wasser sich bildenden gewaltigen Mengen Wasserdampf lenkten schon wiederholt die Aufmerksamkeit der Fachleute auf sich. Es wurde in den letzten Jahren eine Reihe von interessanten Vorschlägen gemacht, die im heißen Koks enthaltene Energie zu verwerten.

Die gemachten Vorschläge zur Verwertung der Kokshitze zerfallen in:

a) Vorschläge beim Naßlöschverfahren;
b) Vorschläge beim Trockenlöschverfahren bzw. bei Weiterverwendung des Kokses in glühendem Zustande;
c) Vorschläge bei trockener Kokskühlung mit indifferenten Gasen;
d) Verwertung der Koksglut in den kontinuierlichen Leuchtgaserzeugungsöfen.

Es würde zu weit führen, hier die sämtlichen Vorschläge wiederzugeben. Interessenten finden darüber Material in meiner in der Fußnote auf Seite 166 erwähnten Broschüre: L. Litinsky, Trockene Kokskühlung mit Verwertung der Koksglut. Leipzig, 1922. Otto Spamer, Seiten 22 bis 41.

Zu praktisch greifbaren Resultaten führten alle diese Vorschläge nicht. Es fehlte nur noch ein Schritt vorwärts, um das Problem der praktischen Lösung näher zu bringen. Diesen Schritt machte die Schweizer Maschinenfabrik Gebrüder Sulzer, Aktiengesellschaft in Winterthur, und erzielte eine wirklich praktisch erprobte und erwiesene Lösung des Problems. Sulzer verwendet indifferente Gase zum Kühlen des Kokses. Das System ist sowohl für Gaswerksöfen als auch für Kokereiöfen verschiedenster Systeme anwendbar[1]).

[1]) Vgl. auch den inzwischen erschienenen Aufsatz von Schläpfer in „Stahl und Eisen" 1922, Heft 33, sowie die Aufsätze von Kuckuk und Eitner in der Zeitschrift „Das Gas- und Wasserfach" 1922, Heft 46.

Das patentierte Verfahren (D. R. P. und Auslandspatente) der trockenen Kokskühlung mit Verwertung der Koksglut, System Gebrüder Sulzer, Aktiengesellschaft in Winterthur (schematisch in der Abb. 39 dargestellt), besteht in folgendem:

Der aus den Retorten oder Kammern gezogene glühende Koks wird mittels eines Windwerkes, das den Kokskübel

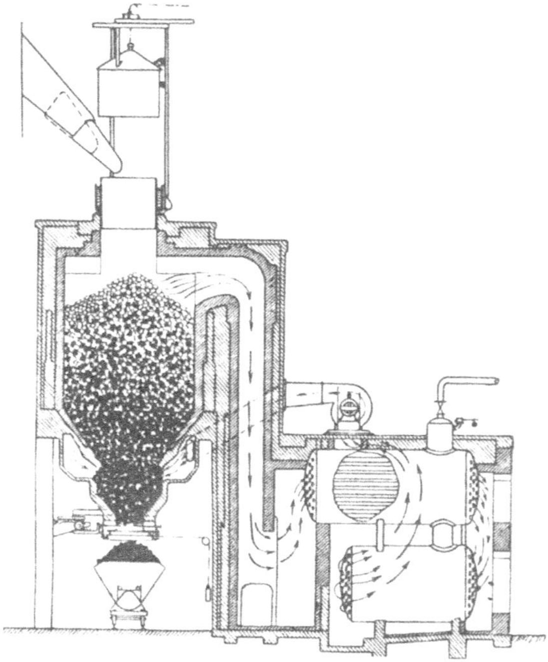

Abb. 39. Schematische Darstellung des Sulzerschen Verfahrens der trocknen Kokskühlung.

hochzieht, in einen schachtförmigen, luftdicht abgeschlossenen Behälter abgelassen; unmittelbar an den Koksbehälter schließt sich ein Dampfkessel an. Mittels eines Ventilators werden die innerhalb der Anlage (Koksbehälter, Dampfkessel, Rohrleitungen) befindlichen heißen Gase in Umlauf gesetzt. Die Gase stellen ein indifferentes Gasgemisch dar. Dieses indifferente Gasgemisch wird durch die relativ geringe Luftmenge gebildet, die den hermetisch abgeschlossenen Behälterraum anfüllt und ihren Sauerstoffgehalt beim ersten Durchstreichen durch den glühenden Koks in Kohlensäure umsetzt, so daß es stets das gleiche unverbrennbare Gas ist, das im Koksbehälter die Wärme aufnimmt und am Kessel unter gänzlicher Vermeidung jeglicher Leitungen wieder abgibt. Das Gasgemisch bleibt also ohne Zusatz von Frischluft beständig in demselben Kreislauf. Speisewasser und Heizgas strömen in entgegengesetzter Richtung. Der gekühlte Koks wird von Zeit zu Zeit in Rollwagen abgelassen.

Für das obige Verfahren ist ferner noch folgendes kennzeichnend.

Die Temperaturdifferenz zwischen den beiden Austauschkörpern (Kokssäule im Kühlschacht und der Dampfkessel bzw. ein anderer wärmeaufnehmender Körper) nimmt nun von Füllung zu Füllung ständig ab, so daß, wenn nichts anderes geschehen würde, auch der sekundliche Wärmeübergang an das Wasser sich allmählich verkleinern müßte. Um dies zu verhindern, d. h. um die Wärmeabgabe an das Wasser möglichst konstant zu gestalten, wird gemäß der Erfindung die Umlaufsgeschwindigkeit der Kühlgase so geregelt, daß die der Koksfüllung abgenommene und den Gefäßwänden bzw. dem Wasser zugeführte sekundliche Wärmemenge mit abnehmender Kokstemperatur annähernd gleichbleibt. Dies wird erreicht mittels eines Ventilators mit veränderlicher Tourenzahl.

Der glühende Koks wird im trockenen Verfahren auf ca. 250° C herunter gekühlt; durch die frei werdende Wärme kann entweder Dampf von jedem üblichen Betriebsdruck oder heißes Wasser erzeugt werden. Bezüglich verschiedener Ausführungsformen der Anlage für trockene Kokskühlung verweise ich auf meine bereits erwähnte Monographie.

Versuche im Betriebe beweisen, daß der von Sulzer eingeschlagene Weg tatsächlich der richtige ist.

Eine Probeanlage, System Sulzer, befindet sich auf dem Gaswerk Schlieren der Stadt Zürich bereits seit 2 Jahren in Betrieb; im Bau befinden sich zur Zeit Kokskühlanlagen auf den Gaswerken Keilehaven bei Rotterdam[1]), Lörrach in Baden und Mannheim.

Die während einer längeren Betriebsperiode festgestellten Resultate der Versuchsanlage in Schlieren (nach Notizen auf 120 Betriebstage zusammengestellt) sind in der folgenden Tabelle 10 gebracht.

[1]) Seit November 1922 befindet sich diese Anlage bereits in Arbeit und soll sehr zufriedenstellend arbeiten; außer der hohen Dampferzeugung wurde hier eine um 6% gegen früher niedrigere Koksgrießausbeute festgestellt.

Tabelle 10. Betriebsresultate in Schlieren.

Mittlere täglich gekühlte Koksmenge	24—25 t
Temperatur des glühenden Kokses	1100—1000 ° C
Kessel für 8 Atm gebaut, betrieben mit	4 Atm eff.
Mittlere Speisewassertemperatur	48 ° C
Pro Tonne Koks verdampfte mittlere Wassermenge	405 kg
Pro kg Koks im Mittel nutzbar gemachte Wärmemenge	247 kcal
Zur Verdampfung von 1 kg Wasser notwendige Wärmemenge	610 kcal

Weitere Versuchs- und Betriebsresultate sind im Gas- und Wasserfach 1921, Heft 13, angegeben.

Im Zusammenhang mit dem praktisch erprobten Verfahren von Sulzer möge noch auf folgende neuere Vorschläge[1]) hingewiesen werden, worüber allerdings Zahlen aus der Betriebspraxis einstweilen nicht vorliegen:

1. Verfahren und Einrichtung zum Ersticken von Koks durch indifferente Gase nach dem Gegenstromprinzip unter gleichzeitiger Gewinnung der fühlbaren Wärme. (Zeche de Wendel und Dipl.-Ing. H. Schwenke, Patentschrift Nr. 348 654, Klasse 10a, Gruppe 17.)

2. Einrichtung zum Kühlen glühender Destillationsrückstände, wie z. B. Koks, mittels im Kreislauf befindlicher indifferenter Gase unter gleichzeitiger Ausnutzung der Glühwärme der Rückstände in einer Wärmeaustauschvorrichtung. Gewerkschaft Emscher-Lippe und H. Hayn in Datteln i. Westf. Patentschrift Nr. 339 878, Klasse 10a, Gruppe 17.

3. Koks und Schwelofen für ununterbrochenen Betrieb (Westdeutsche Industriegesellschaft Essen). Aufsatz von Wedding im „Glückauf", Jahrgang 1922, Nr. 24; vgl. auch Führer durch die Ausstellung „Die Wärme" in Essen, 17. Juni bis 16. Juli 1922, S. 23 bis 25.

Der Raum verbietet mir, darauf näher einzugehen, und verweise ich daher die Interessenten auf die Originalquellen.[2])

Abseits von der trockenen Kokskühlung steht die Abkühlung des Kokses in kontinuierlichen (stetig betriebenen) vertikalen Leuchtgaserzeugungsöfen.

In den kontinuierlichen Leuchtgaserzeugungsöfen verläßt der Koks den Destillationsraum ebenfalls in einem kalten Zustande. Die dem glühenden Koks innewohnende Wärme wird in diesen Öfen für die Erzeugung von Wassergas in dem

[1]) Im Moment des Erscheinens meiner in der Fußnote auf Seite 166 erwähnten Monographie waren mir diese unten aufgeführten Vorschläge noch nicht bekannt.

[2]) Vgl. auch den Vortrag von Eckhoff, gehalten im Westfälischen Bezirksverein Deutscher Ingenieure in Dortmund am 27. Dezember 1922.

Destillationsraum selbst und, wie behauptet wird, zum Teil auch zur Unterstützung des Destillationsprozesses ausgenutzt. Letzteres sollte eigentlich in geringeren Unterfeuerungszahlen der kontinuierlichen Öfen gegenüber den sonstigen Leuchtgaserzeugungsöfen seinen Ausdruck finden; ich habe jedoch in der Fachliteratur bis jetzt keine Bestätigung dieser Vermutung finden können.

Die kontinuierlichen Öfen stammen aus England. Die ersten Versuche damit wurden im Jahre 1903 ausgeführt, doch konnten einigermaßen befriedigende Resultate erst im Jahre 1908 verzeichnet werden. In Deutschland sind solche Öfen erst in den letzten Jahren und nur vereinzelt (soweit mir bekannt ist, nur auf zwei Gaswerken) errichtet worden. Der in dieser Art der Öfen erzeugte „Koks[1]) ist nicht so dicht wie gewöhnlicher Gaskoks, da er während der Bewegung der Schwellung folgen kann, während der Gaskoks oder der in den Kokereien erzeugte Hüttenkoks dadurch, daß seine Ausdehnung verhindert wird, ein festes Gefüge erhält. Das Hektolitergewicht beträgt daher beim Koks aus der kontinuierlichen Entgasung nur 40 kg gegenüber 55 kg beim gewöhnlichen Retortenkoks". Ein solcher poröser Koks findet in England Verwendung im Hausbrand (in Kaminen), während in Deutschland die Verwendung von weichem Koks für diese Art der Beheizung der Wohnräume kaum in Frage kommen kann.

Sofern spärliche Mitteilungen über den kontinuierlichen Ofen für Leuchtgasherstellung es zu beurteilen gestatten, ist man hier, besonders bei den heutigen Kohlenverhältnissen, vor Überraschungen weniger geschützt als bei anderen Öfen mit geringerer Bauhöhe, und außerdem soll man den erzeugten weichen Koks nicht gut absetzen können. Aber abgesehen davon muß beachtet werden, daß man bei den kontinuierlichen Öfen direkt gezwungen ist, Wassergas zu fabrizieren (und so wird gewissermaßen aus der Not eine Tugend gemacht), während sonstige Wassergasherstellung nach meiner Ansicht mehr für Deckung von Spitzenleistungen bzw. in überlasteten Betrieben in Betracht kommt. Die Ansichten über die Wirtschaftlichkeit und Zweckmäßigkeit der Wassergaserzeugung im Destillationsraum selbst gehen auseinander; entsprechend den Ansichten vieler Fachleute wird die Wirtschaftlichkeit stark in Frage gestellt. Allerdings stellen manche Konstruktionen der kontinuier-

[1]) Strache, Gasbeleuchtung und Gasindustrie, Braunschweig 1913, Fr. Vieweg & Sohn. S. 363.

lichen Öfen bewundernswerte Leistungen dar und legen Zeugnis von einer erstklassigen technisch-konstruktiven Erfindertätigkeit ab. Da jedoch auch hier der Koks mit Wasser abgelöscht wird, so sind die eben durch diese Löschart bedingten Mängel nicht von der Hand zu weisen. Außerdem verliert diese Art der Kokskühlung, die auch sonst nur eine halbe Maßnahme darstellt, schon dadurch an Bedeutung, daß sie sich im Kokereibetrieb nicht anwenden läßt. Ich bespreche diese Art nur, um Lücken zu vermeiden.

Ein kontinuierlicher Leuchtgaserzeugungsofen befindet sich auf dem Gaswerk Mannheim-Lozenberg im Bau (Erbauer: H. Koppers, Essen); eine Anlage für trockene Kokskühlung wird ebenfalls auf demselben Gaswerke errichtet (ausführende Firma: Deutsche Ofenbaugesellschaft, Leipzig). Somit ist die Möglichkeit gegeben, die beiden Systeme praktisch zu vergleichen; die für Mitte 1923 erwarteten Betriebsresultate erwecken daher besonderes Interesse.

Zusammenfassend läßt sich über die trockene Kokskühlung folgendes sagen:

1. Die im glühenden Koks enthaltenen Wärmemengen, welche beim Löschen mit Wasser sonst verloren gehen, werden bei der trockenen Kokskühlung zum größten Teil nutzbar gemacht, so daß pro Tonne Koksdurchsatz je nach den Betriebsverhältnissen (Anfangstemperatur des Kokses, Zustand des Kessels, Transportbedingungen des Kokses, Temperatur des Speisewassers usw.) 0,33 bis ca. 0,4 t Satt- oder (entsprechend weniger) überhitzter Dampf von 6 bis 10 Atm und mehr Spannung gewonnen werden, ohne daß eine Gewichtsverminderung des Kokses stattfindet. Bei einem Gaswerk mit einer Jahresleistung von etwa 10 000 000 Kubikmeter Gas kann man dadurch unter Zugrundelegung einer 4,5fachen Verdampfung jährlich etwa 1500 t Brennstoff sparen.

2. Durch das plötzliche Abschrecken mit Wasser sowie Verdampfen des gleichzeitig in die Poren eingedrungenen Wassers wird der Koks zersprengt; und es bildet sich dadurch der minderwertige Koksgrieß. Noch nicht zum Zerplatzen gebrachte Koksstücke besitzen zahlreiche Risse, wodurch die Widerstandskraft des Kokses beim Verladen, in der Separation, während des Transportes usw. geschwächt wird. Die unmittelbare Folge davon ist die Bildung von kleinstückigem Koks in erhöhtem Maße.

3. Beim nassen Löschverfahren bildet sich schweflige Säure, Schwefelwasserstoff und Stickstoffverbindungen, die von den Löschdämpfen mitgenommen werden. Die in der Nähe der Kokslöscheinrichtung befindlichen Gebäude, Eisenkonstruktionsteile und Maschinen leiden unter dem Angriff dieser in den warmen nassen Dämpfen enthaltenen Säuren. Bei Anwendung der trockenen Kokskühlung ist die Bildung der oben erwähnten Verbindungen überhaupt ausgeschlossen, so daß die sonst gefährdeten Konstruktionen eine längere Lebensdauer aufweisen werden und folglich geringere Kosten für Unterhaltung und Ersatz in Anspruch nehmen.

4. Die trockene Kokskühlung hat gegenüber dem Handlöschen mit Wasser den Vorteil, daß infolge des maschinellen Betriebes die Arbeitslöhne bedeutend reduziert werden.

5. Bei der trockenen Kokskühlung kann man nach Belieben den gesamten Koks oder wenigstens den für den eigenen Verbrauch bestimmten (Unterfeuerung in Gaswerken usw.) Teil vollständig trocken erhalten, wodurch schon allein bei der Unterfeuerung über 2% der für Unterfeuerungszwecke verbrauchten Koksmenge (gegenüber feuchtem Koks) gespart werden. Außerdem ist aber noch zu beachten, daß der 5- bis 20proz. Wassergehalt des Kokses auch für jede andere Feuerungsart von Nachteil ist, da dieses Wasser eine niedrigere Verbrennungstemperatur bewirkt und dadurch entsprechender unnützer Aufwand von Brennstoff verdampft werden muß.

6. Bei der trockenen Kokskühlung treten Ersparnisse durch den Fortfall des Löschwassers ein; da man pro Tonne Koks mit rund 1 cbm Löschwasser rechnen kann, so sind solche Ersparnisse nicht unbedeutend. Ferner werden dabei die Unterhaltungskosten für die Transport- und Löschvorrichtung, die nicht mehr unter zerstörenden Einflüssen des Wassers zu leiden hat, bedeutend reduziert.

7. Bei der nassen Kühlung, insbesondere bei der Anwendung des Tauchverfahrens oder durch Injizieren von Wasser von unten in die glühende Koksmasse bildet sich Wassergas, welches mit den Dämpfen entweicht, was bei gewissen Tauchverfahren einen Verlust an Brennstoff von 3 bis 4% ausmachen kann.

8. Da die Wärme an die Dampfkessel durch indifferente Gase übertragen wird und Stichflammen absolut nicht auftreten können, werden die in Verbindung mit trockenen Kokskühlanlagen eingebauten Dampfkessel nicht den Korro-

sionen ausgesetzt, wie die direkt mit Brennstoffen befeuerten Dampfkessel, was eine längere Lebensdauer der Kessel zur Folge hat. Da ferner die Temperatur der Gase höchstens 900° C beträgt, so fallen alle mit Überhitzung der Kessel bzw. mit dem Auftreten von Stichflammen verbundenen Nachteile ebenso vollständig fort. Ferner werden wohl die üblichen Beschädigungen der Dampfkessel durch Kondensate fortfallen.

9. Der trockenen Kokskühlung gebührt noch ein Vorteil auch in hygienischer Hinsicht; namentlich bei den innerhalb der Stadt gelegenen Gaswerken (und Kokereien) wird der beim Naßlöschverfahren mit den Dämpfen entweichende Staub und Ruß sowohl auf dem Fabrikhofe als auch in der Umgebung lästig empfunden, während bei der trockenen Kokskühlung jede Staubbildung von vornherein ausgeschlossen ist.

10. Bei der Errichtung von Kokskühlanlagen fallen die Herstellungs- und Unterhaltungskosten der Löschtürme, sowie der besonderen Dampfkesselanlagen fort.

11. Die Anlagen für trockene Kokskühlung sind wirtschaftlich, machen sich schnell bezahlt und liefern den Dampf etwa um die Hälfte billiger als die direkt mit Brennstoffen befeuerten Dampfkessel. Sowohl vom nationalökonomischen, wie auch vom privatwirtschaftlichen Standpunkte aus wäre daher die Verbreitung solcher Anlagen sehr zu begrüßen.

IX. Anhang.

Anlage 1a. Mittlere spezifische Wärmen von Gasen bei konstantem Druck, bezogen auf 1 cbm Gas, zwischen 0° und t°.

Temperatur °C	Kohlensäure, schweflige Säure	Wasserdampf	Sauerstoff, Stickstoff, Luft, Kohlenoxyd
0	0,397	0,372	0,312
100	0,410	0,373	0,314
200	0,426	0,375	0,316
300	0,442	0,376	0,318
400	0,456	0,378	0,320
500	0,467	0,380	0,322
600	0,477	0,383	0,324
700	0,487	0,385	0,326
800	0,497	0,389	0,328
900	0,505	0,394	0,330
1000	0,511	0,398	0,332
1100	0,517	0,402	0,334
1200	0,521	0,407	0,336
1300	0,526	0,413	0,338
1400	0,530	0,418	0,340
1500	0,536	0,424	0,342
1600	0,541	0,430	0,344
1700	0,546	0,438	0,346
1800	0,550	0,446	0,348
1900	0,554	0,455	0,350
2000	0,556	0,465	0,352
2100	0,558	0,475	0,354
2200	0,562	0,485	0,356
2300	0,566	0,495	0,358
2400	0,568	0,505	0,360
2500	0,570	0,516	0,362
2600	0,572	0,527	0,364
2700	0,574	0,538	0,366
2800	0,577	0,549	0,368
2900	0,579	0,561	0,370
3000	0,581	0,573	0,372

Anlage 1 b. Mittlere spezifische Wärmen von Gasen bei konstantem Druck, bezogen auf 1 kg Gas, zwischen 0° und t°.

Temperatur °C	Kohlensäure, schweflige Säure	Wasserdampf	Sauerstoff	Stickstoff, Kohlenoxyd	Luft	Wasserstoff
0	0,202	0,462	0,218	0,249	0,241	3,445
100	0,209	0,464	0,219	0,251	$0{,}242_6$	3,467
200	0,217	0,466	0,221	0,252	0,244	3,490
300	0,225	0,468	0,222	0,254	0,246	3,512
400	0,232	0,470	0,224	0,255	0,247	3,534
500	0,238	0,473	0,225	0,257	0,249	$3{,}556_6$
600	0,243	0,476	0,226	0,259	0,250	3,579
700	0,248	0,479	0,228	$0{,}260_6$	0,252	3,601
800	0,253	0,484	0,229	0,262	0,253	3,624
900	0,257	0,490	$0{,}230_6$	0,264	0,255	3,646
1000	0,260	0,495	0,232	$0{,}265_6$	$0{,}256_5$	3,668
1100	0,263	0,500	$0{,}233_5$	0,267	0,258	$3{,}690_5$
1200	0,265	$0{,}506_5$	0,235	0,269	0,260	3,713
1300	0,268	0,513	0,236	$0{,}270_6$	0,261	3,735
1400	0,270	0,520	0,238	0,272	0,263	3,758
1500	0,273	0,527	0,239	0,274	0,264	3,780
1600	0,275	0,535	$0{,}240_5$	$0{,}275_6$	0,266	3,802
1700	0,278	0,544	0,242	0,277	0,267	3,824
1800	0,280	0,554	0,243	0,279	0,269	3,847
1900	0,282	0,566	0,245	$0{,}280_5$	$0{,}270_5$	3,869
2000	0,283	0,578	0,246	0,282	0,272	3,891
2100	0,284	0,590	0,248	0,284	$0{,}273_6$	3,914
2200	0,286	0,603	0,249	$0{,}285_6$	0,275	3,936
2300	0,288	0,616	0,250	0,287	0,277	3,958
2400	0,289	0,629	0,252	0,289	0,278	3,981
2500	0,290	0,642	0,253	$0{,}290_5$	0,280	4,003
2600	0,291	0,655	0,255	0,292	0,281	4,025
2700	$0{,}292_5$	0,669	0,256	0,294	0,283	4,047
2800	0,294	0,683	0,257	$0{,}295_5$	0,284	4,070
2900	0,295	0,698	0,259	0,297	0,286	4,092
3000	0,296	0,713	0,260	0,299	0,288	4,115

Anlage 2. Ermittlung des Heizwertes auf Grund der Gasanalyse.

%	CO	H_2	CH_4	C_2H_4	C_6H_6
0,1	3,034	2,57	8,562	13,939	32,978
0,2	6,068	5,14	17,124	27,878	65,956
0,3	9,102	7,71	25,686	41,817	98,934
0,4	12,136	10,28	34,248	55,756	131,912
0,5	15,170	12,85	42,810	69,695	164,890
0,6	18,204	15,42	51,372	83,634	197,868
0,7	21,238	17,99	59,934	97,573	230,846
0,8	24,272	20,56	68,496	111,512	263,824
0,9	27,306	23,13	77,058	125,451	296,802
1,0	30,340	25,70	85,620	139,390	329,780
1,1	33,374	28,27	94,182	153,329	362,758
1,2	36,408	30,84	102,744	167,268	395,736
1,3	39,442	33,41	111,306	181,207	428,714
1,4	42,476	35,98	119,868	195,146	461,692
1,5	45,510	38,55	128,430	209,085	494,670
1,6	48,544	41,12	136,992	223,024	527,648
1,7	51,578	43,69	145,554	236,963	560,626
1,8	54,612	46,26	154,116	250,902	593,604
1,9	57,646	48,83	162,678	264,841	626,582
2,0	60,680	51,40	171,240	278,780	659,560
2,1	63,714	53,97	179,802	292,719	692,538
2,2	66,748	56,54	188,364	306,658	725,516
2,3	69,782	59,11	196,926	320,597	758,494
2,4	72,816	61,68	205,488	334,563	791,472
2,5	75,850	64,25	214,050	348,475	824,450
2,6	78,884	66,82	222,612	362,414	857,428
2,7	81,928	69,39	231,174	376,353	890,406
2,8	84,962	71,96	239,736	390,292	923,384
2,9	87,996	74,53	248,298	404,231	956,362
3,0	91,020	77,10	256,860	418,170	989,340
3,1	94,054	79,67	265,422	432,109	1022,318
3,2	97,088	82,24	273,984	446,048	1055,296
3,3	100,122	84,81	282,546	459,987	1088,274
3,4	103,156	87,38	291,108	473,926	1121,252
3,5	106,190	89,95	299,670	487,865	1154,230
3,6	109,224	92,52	308,232	501,804	1187,208
3,7	112,258	95,09	316,794	515,743	1220,186
3,8	115,292	97,66	325,356	529,682	1253,164
3,9	118,326	100,23	333,918	543,621	1286,142
4,0	121,360	102,80	342,480	557,560	1319,120
4,1	124,394	105,37	351,042	571,499	1352,098
4,2	127,428	107,94	359,604	585,438	1385,076
4,3	130,462	110,45	368,166	599,377	1418,054
4,4	133,496	113,08	376,728	613,316	1451,032
4,5	136,530	115,65	385,290	627,255	1484,010
4,6	139,564	118,22	393,852	641,194	1516,988
4,7	142,594	120,79	402,414	655,133	1549,966
4,8	145,632	123,36	411,976	669,072	1582,944

%	CO	H_2	CH_4	C_2H_4	C_6H_6
4,9	148,666	125,93	419,538	683,011	1615,922
5,0	151,700	128,50	428,100	696,950	1648,900
5,1	154,734	131,07	436,662	710,889	1681,878
5,2	157,768	133,64	445,224	724,828	1714,856
5,3	160,802	136,21	453,786	738,767	1747,834
5,4	163,836	138,78	462,348	752,706	1780,812
5,5	166,870	141,35	470,910	766,645	1813,790
5,6	169,904	143,92	479,472	780,584	1846,768
5,7	172,938	146,49	488,034	794,523	1879,746
5,8	175,972	149,06	496,596	808,462	1912,724
5,9	179,006	151,61	505,158	822,401	1945,702
6,0	182,040	154,20	513,720	836,340	1978,680
6,1	185,074	156,77	522,282	850,279	2011,658
6,2	188,108	159,34	530,844	864,218	2044,636
6,3	191,142	161,91	539,406	878,157	2077,614
6,4	194,176	164,48	547,968	892,096	2110,592
6,5	197,210	167,05	556,530	906,035	2143,570
6,6	200,244	169,62	565,092	919,974	2176,548
6,7	203,278	172,19	573,654	933,913	2209,526
6,8	206,312	174,76	582,216	947,852	2242,504
6,9	209,346	177,33	590,778	961,791	2275,482
7,0	212,380	179,90	599,340	975,730	2308,460
7,1	215,414	182,47	607,902	989,669	2341,438
7,2	218,448	185,04	616,464	1003,608	2374,416
7,3	221,482	187,61	625,026	1017,547	2407,394
7,4	224,526	190,18	633,588	1031,486	2440,372
7,5	227,560	192,75	642,140	1045,425	2473,350
7,6	230,594	195,32	650,712	1059,364	2506,328
7,7	233,628	197,89	659,274	1073,303	2539,306
7,8	236,662	200,46	667,836	1087,242	2572,284
7,9	239,696	203,03	676,398	1101,181	2605,262
8,0	242,730	205,60	684,960	1115,120	2638,240
8,1	245,764	208,17	693,522	1129,059	2671,218
8,2	248,798	210,74	702,084	1142,998	2704,196
8,3	251,832	213,31	710,648	1156,937	2737,174
8,4	254,866	215,88	719,208	1170,876	2770,152
8,5	257,900	218,45	727,770	1184,815	2803,130
8,6	260,934	221,02	736,332	1198,754	2836,108
8,7	263,968	223,59	744,894	1212,693	2879,086
8,8	267,002	226,16	753,456	1226,632	2902,064
8,9	270,036	228,73	762,018	1240,571	2935,042
9,0	273,060	231,30	770,580	1254,510	2968,020
9,1	276,094	233,87	779,142	1268,449	3000,998
9,2	279,128	236,44	787,704	1282,388	3033,976
9,3	282,162	239,01	796,266	1296,327	3066,954
9,4	285,196	241,58	804,828	1310,266	3099,932
9,5	288,230	244,15	813,390	1324,205	3132,918
9,6	291,264	246,72	821,952	1338,144	3165,888
9,7	294,298	249,29	830,514	1352,083	3198,866
9,8	297,332	251,86	839,076	1366,022	3231,844
9,9	300,366	254,43	847,638	1379,961	3264,822
10,0	303,400	257,00	856,200	1393,900	3297,800

Anlage 3. Heizwert von Kohlenstoff und von Gasen[1]).

Brennstoff	Formel	Gewichtsverhältnisse, 1 kg verbrannt zu WE		Raumverhältnisse, 1 cbm verbrannt zu WE		Molekulargewicht	Molekularverhältnisse, 1 kg mol = 22,412 cbm (V_n) verbrannt zu WE	
Kohlenstoff	C	CO_2	8100	(0,536 kg) zu 1 cbm CO_2	4337	12	1 V_n CO_2	97200
,,	C	CO	2433	(0,536 kg) zu 1 cbm CO	1303	12	1 V_n CO	29200
Kohlenoxyd	CO	CO_2	2429	1 cbm CO_2	3034	28	1 V_n CO_2	68000
Wasserstoff	H_2	flüss. Wasser	33928	flüss. Wasser	3052	2,016	1 kg mol H_2O	68400
,,	H_2	Wasserdampf	28557	1 cbm Wasserdampf	2570	2,016	1 V_n H_2O	57600
Methan	CH_4	CO_2 u. H_2O flüss.	13318	1 cbm CO_2 u. H_2O flüss.	9527	16,03	1 V_n CO_2 + 2 kg mol H_2O	213500
,,	CH_4	CO_2 u. H_2O Dampf	11970	1 cbm CO_2 und 2 cbm H_2O Dampf	8562	16,03	1 V_n CO_2 + 2 V_n H_2O	191900
Äthylen	C_2H_4	CO_2 u. H_2O flüss.	11916	2 cbm CO_2 u. H_2O flüss.	14903	28,03	2 V_n CO_2 + 2 kg mol H_2O	334000
,,	C_2H_4	CO_2 u. H_2O Dampf	11145	2 cbm CO_2 und 2 cbm H_2O Dampf	13939	28,03	2 V_n CO_2 + 2 V_n H_2O	312400
Azetylen	C_2H_2	CO_2 u. H_2O flüss.	11914	2 cbm CO_2 u. H_2O flüss.	13832	26,02	2 V_n CO_2 + 1 kg mol H_2O	310000
,,	C_2H_2	CO_2 u. H_2O Dampf	11499	2 cbm CO_2 und 1 cbm H_2O Dampf	13350	26,02	2 V_n CO_2 + 1 V_n H_2O	299200
Benzoldampf	C_6H_6	CO_2 u. H_2O flüss.	9885	6 cbm CO_2 u. H_2O flüss.	34423	78,05	6 V_n CO_2 + 3 kg mol H_2O	771500
,,	C_6H_6	CO_2 u. H_2O Dampf	9469	6 cbm CO_2 und 3 cbm H_2O Dampf	32978	78,05	6 V_n CO_2 + 3 V_n H_2O	739100

[1]) Gaskalender 1922 Teil II S. 192. München. R. Oldenbourg.

Anlage 4. Sauerstoff- bzw. Luftbedarf und Verbrennungsprodukte verschiedener Gase[1]).

Bezeichnung und Menge		Reaktionsgleichung	Bedarf		Verbrennungsprodukte bei Verbrennung in Sauerstoff			Verbrennungsprodukte bei Verbrennung in Luft			
			Sauerstoff cbm	Luft cbm	CO_2 cbm	H_2O cbm	Sa. cbm	CO_2 cbm	H_2O cbm	N_2 cbm	Sa. cbm
Kohlenstoff . .	0,536 kg	$0{,}536\ \text{kg}\ C + O_2 = CO_2$	1,0	4,77	1,0	—	1,0	1,0	—	3,77	4,77
Kohlenoxyd . .	1 cbm	$CO + O = CO_2$	0,5	2,39	1,0	—	1,0	1,0	—	1,89	2,89
Wasserstoff . .	1 „	$H_2 + O = H_2O$	0,5	2,39	—	1,0	1,0	—	1,0	1,89	2,89
Methan	1 „	$CH_4 + O_4 = CO_2 + 2\ H_2O$	2,0	9,54	1,0	2,0	3,0	1,0	2,0	7,54	10,54
Azetylen . . .	1 „	$C_2H_2 + O_5 = 2\ CO_2 + H_2O$	2,5	11,93	2,0	1,0	3,0	2,0	1,0	9,43	12,43
Äthylen. . . .	1 „	$C_2H_4 + O_6 = 2\ CO_2 + 2\ H_2O$	3,0	14,31	2,0	2,0	4,0	2,0	2,0	11,31	15,31
Alkoholdampf .	1 „	$C_2H_6O + O_6 = 2\ CO_2 + 3\ H_2O$	3,0	14,31	2,0	3,0	5,0	2,0	3,0	11,31	16,31
Äther.	1 „	$C_4H_{12}O + O_{10} = 4\ CO_2 + 5\ H_2O$	6,0	28,63	4,0	5,0	9,0	4,0	5,0	22,63	31,63
Benzoldampf .	1 „	$C_6H_6 + O_{15} = 6\ CO_2 + 3\ H_2O$	7,5	35,78	6,0	3,0	9,0	6,0	3,0	28,28	37,28
Pentan (Benzin)	1 „	$C_5H_{12} + O_{16} = 5\ CO_2 + 6\ H_2O$	8,0	38,17	5,0	6,0	11,0	5,0	6,0	30,17	41,17
Wassergas. . .	1 „	$\frac{CO + H_2}{2} + O = \frac{CO_2 + H_2O}{2}$	0,5	2,38	0,5	1,0	1,0	0,5	0,5	1,88	2,88

[1]) Gaskalender 1922 Teil II S. 194. München. R. Oldenbourg.

Anlage 5. **Durchschnittliche Zusammensetzung und Eigenschaften technischer gasförmiger Brennstoffe**[1]).

Gasart	Gaszusammensetzung in Vol.-%							H_2O	Teer	Eigenwärme	Unterer Heizwert	Gas aus 1 kg	Luftbedarf für 1 cbm	Theoretische Verbrennungstemperatur
	CO_2	C_nH_m	CH_4	O_2	CO	H_2	N_2	g/cbm	g/cbm	° C	in WE	in cbm	in cbm	
Koksofengas . . .	3,0	1,8	27,0	0,2	5,0	50,0	13,0	10		20	4100	0,3	4,47	1800
Hochofengas . . .	10,0	0,0	0,2	0,0	30,0	3,8	56,0	10	0	20	1025	5,0	0,81	1450
Generatorgas aus Steinkohle . . .	4,0	0,2	1,6	0,2	27,0	12,0	55,0	40	12	650	1265	4,5	1,14	1730
Generatorgas aus Braunkohlenbriketts	4,0	0,4	1,4	0,2	29,0	12,0	52,0	100	15	400	1310	2,6	1,23	1550
Generatorgas aus Koks	3,0	0,0	0,5	0,2	30,0	11,0	55,3	40	0	750	1235	5,0	1,01	1825
Mondgas	15,0	0,4	2,6	0,5	12,0	25,0	54,5	10		20	1310	5,0	1,00	1510
Luftgas aus Koks	0,5	0,0	0,0	0,0	33,5	1,5	64,5	8	0	1000	1055	4,8	0,84	1900

[1]) Nach Markgraf, Technische Mitteilungen des Emscher Bezirksvereins Deutscher Ingenieure zu Gelsenkirchen 1917, S. 291.

Anlage 6. Litergewichte und spezifische Gewichte von Gasen[1])

bei 0° C und 760 mm Druck, berechnet aus Molekulargewicht (M) und Molvolumen (= 22,412 l).

$$\text{Litergewicht in Gramm} = \frac{M}{22,412}.$$

Spezifisches Gewicht (bezogen auf Luft = 1):

$$= \frac{\text{Litergewicht}}{1,2928}.$$

	Liter-Gewicht g	Spez. Gew.		Liter-gewicht g	Spez Gew.
Äthan . . . C_2H_6	1,3408	1,037	Luft	1,298	1,000
Äthylen . . . C_2H_4	1,2507	0,967	Methan . . . CH_4	0,7153	0,553
Ammoniak . NH_3	0,7598	0,588	Sauerstoff . . O_2	1,4278	1,105
Azetylen . . C_2H_2	1,1608	0,898	Schwefelwst. . H_2S	1,5209	1,176
Benzol . . . C_6H_6	3,4824	2,694	Stickstoff[2]) . N_2	1,2502	0,967
Kohlenoxyd . CO	1,2493	0,966	Wasserdampf H_2O	0,8038	0,622
Kohlensäure . CO_2	1,9632	1,519	Wasserstoff . H_2	0,0899	0,069

[1]) Aus „Gaskursus“. München 1921, 194.
[2]) Reiner Stickstoff. Die Werte für Luftstickstoff (argonhaltig) sind 1,257 bzw. 0,972.

Anlage 7. Tabelle der Wärme- oder Kohlenverluste bei Dampfkessel- und ähnlichen Feuerungen.

Die Wärme- bzw. Kohlenverluste bei einem Kohlensäuregehalt der Rauchgase von 2—15%. Das Verhältnis v der tatsächlich gebrauchten Luftmenge zur theoretisch erforderlichen beträgt für Steinkohlen (nach Bunte): v — ca. $\frac{18,9}{k}$, wenn k der Kohlensäuregehalt der Rauchgase in Prozenten ausgedrückt ist.

Die folgende Tabelle gibt ein Bild über die einem Kohlensäuregehalte der Rauchgase von 2—15% entsprechenden überschüssigen Luftmengen und damit verbundenen Kohlenverluste.

Für Steinkohlen mittlerer Beschaffenheit.

Enthalten die Rauchgase	2	3	4	5	6	7	8	9	10	11	12	13	14	15	Prozent Kohlensäure
so geht durch den Schornstein ca.	9,5	6,3	4,7	3,8	3,2	2,7	2,4	2,1	1,9	1,7	1,6	1,5	1,4	1,3	mal so viel Luft als theoretisch zur Verbrennung der Kohle erforderlich.
d. h. ein mit praktisch genügendem 1,3fachem Luftüberschuß nur ca. 10,4 cbm Luft benötigendes Kilogramm verbrennender Kohle muß unnötig noch ca.	56,6	40,0	27,2	20,0	15,2	11,2	8,8	5,6	4,8	3,2	2,4	1,6	0,8	0,0	cbm überflüssige Luft auf die Temperaturdifferenz zwischen den abziehenden Gasen und der in die Feuerung eintretenden Luft (gewöhnlich 250° C) erwärmen
und es beträgt sodann der Kohlenverlust ca.	90	60	45	36	30	26	23	20	18	16	15	14	13	12	Prozent bei 270° C Temperatur der Abgase.

Anlage 8. Spezifische Wärme feuerfester Materialien.

Die mittlere spezifische Wärme von gebranntem Ton ist gleich 0,193 + 0,00006 t. Die Zahl ist einer Abhandlung von S. T. Wilson, A. D. Holdcroft und J. W. Meller in „Transactions of the Engl. Ceram. Soc." XII (1913) 2. Teil, Seiten 279—87 entnommen. Nach Wologdin (eine russische Arbeit) beträgt die spezifische Wärme 0,185 + 0,00007 t.

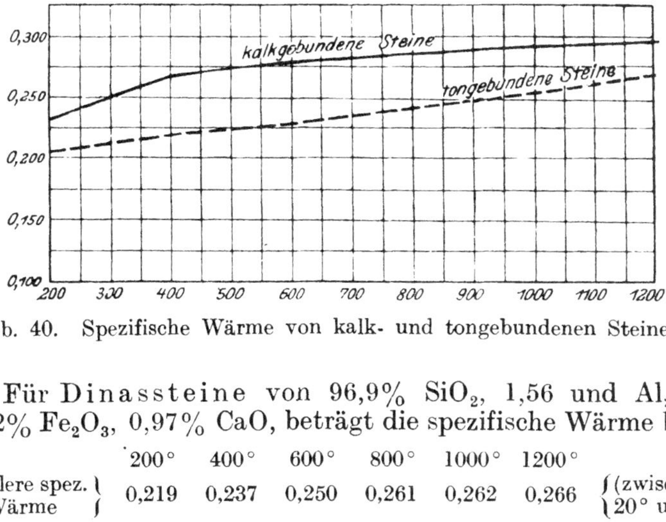

Abb. 40. Spezifische Wärme von kalk- und tongebundenen Steinen.

Für Dinassteine von 96,9% SiO_2, 1,56 und Al_2O_3, 0,62% Fe_2O_3, 0,97% CaO, beträgt die spezifische Wärme bei:

	200°	400°	600°	800°	1000°	1200°	
Mittlere spez. Wärme	0,219	0,237	0,250	0,261	0,262	0,266	(zwischen 20° u. t°)
Wahre spez. Wärme	0,237	0,270	0,282	0,285	0,288	0,296.	

Die obigen Zahlen befinden sich in einer Arbeit von E. Heyn, O. Bauer und E. Wetzel in den Mitteilungen des kgl. Materialprüfungsamtes XXIII, 1914. Heft 2 und 3, Seit 89—198.

In der Abb. 40 sind die Werte der spezifischen Wärme von kalk- und tongebundenen Steinen graphisch aufgetragen.

X. Sachregister.

XI. Namenregister.

GPSR Compliance

The European Union's (EU) General Product Safety Regulation (GPSR) is a set of rules that requires consumer products to be safe and our obligations to ensure this.

If you have any concerns about our products, you can contact us on ProductSafety@springernature.com

In case Publisher is established outside the EU, the EU authorized representative is:

Springer Nature Customer Service Center GmbH
Europaplatz 3
69115 Heidelberg, Germany

Batch number: 10844623

Printed by Printforce, the Netherlands